图 3.1　SOC 数据集中的样本图像包括非显著物体图像（第 1 行）**和显著物体图像**（第 2 ～ 4 行）

注：对于显著物体图像，作者提供了实例级真值图（不同颜色表示不同实例）、物体属性和类别标签。

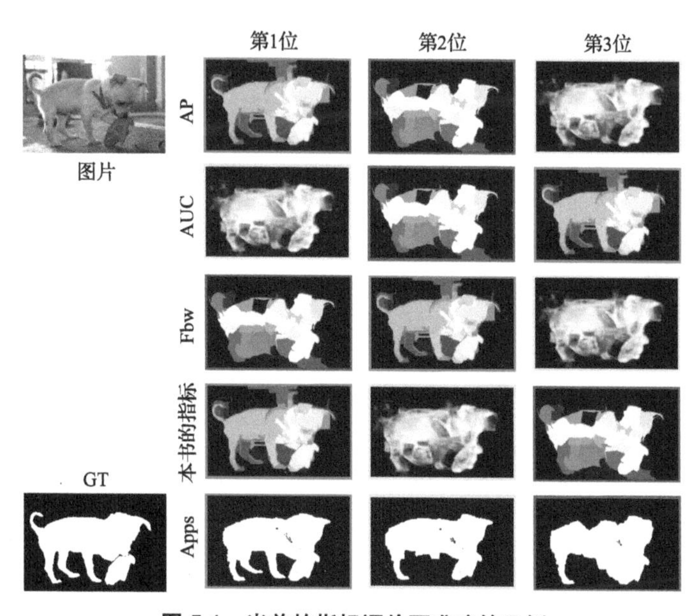

图 5.1　当前的指标评价不准确的示例

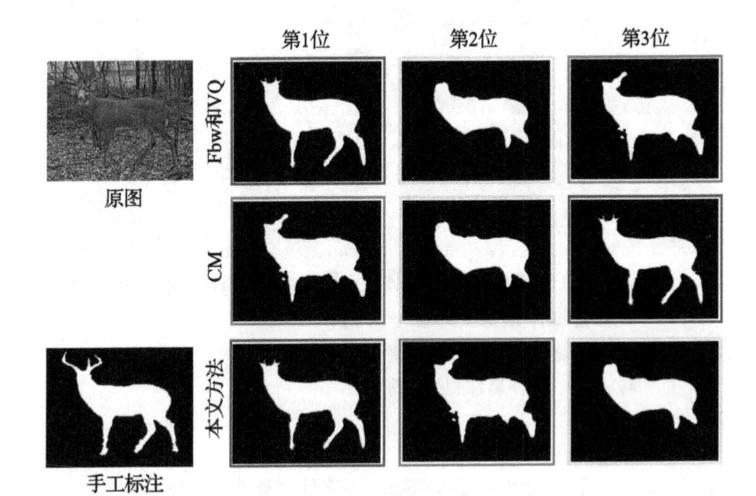

图 6.2 证明本书方法的有效性

注：由 DCL[49]、RFCN[52] 和 DHS[51] 3 个最先进的显著对象检测模型生成的二值前景图（阈值后）的排名。3 种常用的、不同类型的评价指标方法（CM、F_β^ω 和 VQ）都无法正确排列前景图。但是，本书的方法给出了正确的顺序。

表 4.2　17 个最先进的 VSOD 模型在 8 个数据集上的评测结果：SegV2[25]、FBMS[28]、ViSal[29]、MCL[30]、DAVIS[31]、UVSD[32]、VOS[26] 以及 DAVSOD

数据集		2010—2015							2016—2017				2018						
		SIVM [12]	TIMP [14]	SPVM [19]	RWRV [30]	MB [73]	SAGM [20]	GFVM [29]	MSTM [74]	STBP [22]	SGSP [32]	SFLR [21]	SCOM [23]†	SCNN [17]†	DLVS [16]†	FGRN [85]†	MBNM [24]†	PDBM [89]†	SSAV†
ViSal	max $\mathcal{F}\uparrow$	0. 522	0. 479	0. 700	0. 440	0. 692	0. 688	0. 683	0. 673	0. 622	0. 677	0. 779	0. 831	0. 831	0. 852	0. 848	0. 883	0. 888	0. 939
	排名	16	17	9	18	10	11	12	14	15	13	8	6	6	4	5	3	2	1
	$\mathcal{S}\uparrow$	0. 606	0. 612	0. 724	0. 595	0. 726	0. 749	0. 757	0. 749	0. 629	0. 706	0. 814	0. 762	0. 847	0. 881	0. 861	0. 898	0. 907	0. 943
	排名	17	16	13	18	12	10	9	10	15	14	7	8	6	4	5	3	2	1
	$\mathcal{M}\downarrow$	0. 197	0. 170	0. 133	0. 188	0. 129	0. 105	0. 107	0. 095	0. 163	0. 165	0. 062	0. 122	0. 071	0. 048	0. 045	0. 020	0. 032	0. 020
	排名	18	16	13	17	12	9	10	8	14	15	6	11	7	5	4	1	3	1
FBMS-T	max $\mathcal{F}\uparrow$	0. 426	0. 456	0. 330	0. 336	0. 487	0. 564	0. 571	0. 500	0. 595	0. 630	0. 660	0. 797	0. 762	0. 759	0. 767	0. 816	0. 821	0. 865
	排名	16	15	18	17	14	12	11	13	10	9	8	4	6	7	5	3	2	1
	$\mathcal{S}\uparrow$	0. 545	0. 576	0. 515	0. 521	0. 609	0. 659	0. 651	0. 613	0. 627	0. 661	0. 699	0. 794	0. 794	0. 794	0. 809	0. 857	0. 851	0. 879
	排名	16	15	18	17	14	10	11	13	12	9	8	5	5	5	4	2	3	1
	$\mathcal{M}\downarrow$	0. 236	0. 192	0. 209	0. 242	0. 206	0. 161	0. 160	0. 177	0. 152	0. 172	0. 117	0. 079	0. 095	0. 091	0. 088	0. 047	0. 064	0. 040
	排名	17	14	16	18	15	11	10	13	9	12	8	4	7	6	5	2	3	1

（续）

数据集		2010—2015							2016—2017				2018						
		SIVM [12]	TIMP [14]	SPVM [19]	RWRV [30]	MB [73]	SAGM [20]	GFVM [29]	MSTM [74]	STBP [22]	SGSP [32]	SFLR [21]	SCOM [23]†	SCNN [17]†	DLVS [16]†	FGRN [85]†	MBNM [24]†	PDBM [89]†	SSAV†
DAVIS-T	max $\mathcal{F}\uparrow$	0. 450	0. 488	0. 390	0. 345	0. 470	0. 515	0. 569	0. 429	0. 544	0. 655	0. 727	0. 783	0. 714	0. 708	0. 783	0. 861	0. 855	0. 861
	排名	15	13	17	18	14	12	10	16	11	7	6	4	7	8	4	1	3	1
	$\mathcal{S}\uparrow$	0. 557	0. 593	0. 592	0. 556	0. 597	0. 676	0. 687	0. 583	0. 677	0. 692	0. 790	0. 832	0. 783	0. 794	0. 838	0. 887	0. 882	0. 893
	排名	17	14	15	18	13	12	10	16	11	9	7	5	8	6	4	2	3	1
	$\mathcal{M}\downarrow$	0. 212	0. 172	0. 146	0. 199	0. 177	0. 103	0. 103	0. 165	0. 096	0. 138	0. 056	0. 048	0. 064	0. 061	0. 043	0. 031	0. 028	0. 028
	排名	18	15	13	17	16	10	10	14	9	12	6	5	8	7	4	3	2	1
SegV2	max $\mathcal{F}\uparrow$	0. 581	0. 573	0. 618	0. 438	0. 554	0. 634	0. 592	0. 526	0. 640	0. 673	0. 745	0. 764	**	**	**	0. 716	0. 800	0. 801
	排名	11	12	9	15	13	8	10	14	7	6	4	3				5	2	1
	$\mathcal{S}\uparrow$	0. 605	0. 644	0. 668	0. 583	0. 618	0. 719	0. 699	0. 643	0. 735	0. 681	0. 804	0. 815	**	**	**	0. 809	0. 864	0. 851
	排名	14	11	10	15	13	7	8	12	6	9	5	3				4	1	2
	$\mathcal{M}\downarrow$	0. 251	0. 116	0. 108	0. 162	0. 146	0. 081	0. 091	0. 114	0. 061	0. 124	0. 037	0. 030	**	**	**	0. 026	0. 024	0. 023
	排名	15	11	9	14	13	7	8	10	6	12	5	4				3	2	1

UVSD	max $\mathcal{F}\uparrow$	0. 293	0. 338	0. 404	0. 281	0. 339	0. 414	0. 426	0. 336	0. 403	0. 544	0. 562	0. 420	0. 550	0. 564	0. 630	0. 550	0. 863	0. 801
	排名	17	15	12	18	14	11	9	16	13	8	5	10	6	4	3	6	1	2
	$\mathcal{S}\uparrow$	0. 481	0. 537	0. 581	0. 536	0. 563	0. 629	0. 628	0. 551	0. 614	0. 601	0. 713	0. 555	0. 712	0. 721	0. 745	0. 698	0. 901	0. 861
	排名	18	16	12	17	13	8	9	15	10	11	5	14	6	4	3	7	1	2
	$\mathcal{M}\downarrow$	0. 260	0. 178	0. 146	0. 180	0. 169	0. 111	0. 106	0. 145	0. 105	0. 165	0. 059	0. 206	0. 075	0. 060	0. 042	0. 079	0. 018	0. 025
	排名	18	15	12	16	14	10	9	11	8	13	4	17	6	5	3	7	1	2
MCL	max $\mathcal{F}\uparrow$	0. 420	0. 598	0. 595	0. 446	0. 261	0. 422	0. 406	0. 313	0. 607	0. 645	0. 669	0. 422	0. 628	0. 551	0. 625	0. 698	0. 798	0. 774
	排名	15	9	10	12	18	13	16	17	8	5	4	13	6	11	7	3	1	2
	$\mathcal{S}\uparrow$	0. 548	0. 642	0. 665	0. 577	0. 539	0. 615	0. 613	0. 540	0. 700	0. 679	0. 734	0. 569	0. 730	0. 682	0. 709	0. 755	0. 856	0. 819
	排名	16	11	10	14	18	12	13	17	7	9	4	15	5	8	6	3	1	2
	$\mathcal{M}\downarrow$	0. 185	0. 113	0. 105	0. 167	0. 178	0. 136	0. 132	0. 171	0. 078	0. 100	0. 054	0. 204	0. 054	0. 060	0. 044	0. 119	0. 021	0. 027
	排名	17	10	9	14	16	13	12	15	7	8	4	18	4	6	3	11	1	2
VOS-T	max $\mathcal{F}\uparrow$	0. 439	0. 401	0. 351	0. 422	0. 562	0. 482	0. 506	0. 567	0. 526	0. 426	0. 546	0. 690	0. 609	0. 675	0. 669	0. 670	0. 742	0. 742
	排名	14	17	18	16	9	13	12	8	11	15	10	3	7	4	6	5	1	1
	$\mathcal{S}\uparrow$	0. 558	0. 575	0. 511	0. 552	0. 661	0. 619	0. 615	0. 657	0. 576	0. 557	0. 624	0. 712	0. 704	0. 760	0. 715	0. 742	0. 818	0. 819
	排名	15	14	18	17	8	11	12	9	13	16	10	6	7	3	5	4	2	1
	$\mathcal{M}\downarrow$	0. 217	0. 215	0. 223	0. 211	0. 158	0. 172	0. 162	0. 144	0. 163	0. 236	0. 145	0. 162	0. 109	0. 099	0. 097	0. 099	0. 078	0. 073
	排名	16	15	17	14	9	13	10	7	12	18	8	10	6	4	3	4	2	1

（续）

数据集		2010—2015							2016—2017				2018						
		SIVM [12]	TIMP [14]	SPVM [19]	RWRV [30]	MB [73]	SAGM [20]	GFVM [29]	MSTM [74]	STBP [22]	SGSP [32]	SFLR [21]	SCOM [23]†	SCNN [17]†	DLVS [16]†	FGRN [85]†	MBNM [24]†	PDBM [89]†	SSAV†
DAVSOD-T	max $\mathcal{F}\uparrow$	0.298	0.395	0.358	0.283	0.342	0.370	0.334	0.344	0.410	0.426	0.478	0.464	0.532	0.521	0.563	0.510	0.562	0.630
	排名	17	11	13	18	15	12	16	14	10	9	7	8	4	5	2	6	3	1
	$\mathcal{S}\uparrow$	0.486	0.563	0.538	0.504	0.538	0.565	0.553	0.532	0.568	0.577	0.624	0.599	0.657	0.637	0.673	0.654	0.678	0.699
	排名	18	12	14	17	14	11	13	16	10	9	7	8	4	6	3	5	2	1
	$\mathcal{M}\downarrow$	0.288	0.195	0.202	0.245	0.228	0.184	0.167	0.211	0.160	0.207	0.143	0.220	0.139	0.140	0.109	0.170	0.127	0.098
	排名	18	11	12	17	16	10	8	14	7	13	6	15	4	5	2	9	3	1
总排名		18	16	14	17	15	10	11	13	9	12	7	8	6	5	3	4	2	1
运行时间		72.4s	69.2s	56.1s	18.3s	0.02s	45.4s	53.7s	0.02s	49.49s	51.7s	119.4s	38.8s	38.5s	0.47s	0.09s	2.63s	0.05s	0.049s
排名		17	16	15	8	1	11	14	1	12	13	18	10	9	6	5	7	4	3

注：请注意，TIMP 仅在 VOS 上的 9 个短视频进行测试，因为它无法处理长视频。“**”表示该模型已经在该数据集上进行了训练。“-T”表示结果是在该数据集的测试集上得到的。“†”表示深度学习模型。

CCF优博丛书

认知规律启发的显著性物体检测方法与评测

Cognitive-inspirited Salient Object Detection Models and Benchmarks

范登平——著

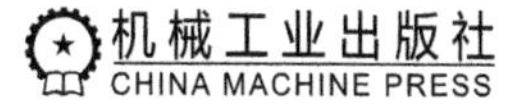

显著性物体检测（Salient Object Detection，SOD）技术以人类视觉认知机制为基础，模拟人类视觉系统的注意力机制。该技术涉及计算机视觉、机器学习、认知心理学、脑科学等多个学科，是典型的交叉学科技术，在现实生活中有着广泛的应用基础。

本书从数据采集、模型构建和评价标准设计三个方面对SOD技术展开了系统的研究，包括开放环境下的图像SOD技术、动态场景下的SOD视觉转移建模技术以及符合人类认知规律的评价指标设计。

本书可以作为高等院校计算机视觉及模式识别相关专业的本科生、研究生，以及计算机相关领域科研工作者的参考书。

图书在版编目（CIP）数据

认知规律启发的显著性物体检测方法与评测/范登平著．—北京：机械工业出版社，2022.12（2023.11重印）
（CCF优博丛书）
ISBN 978-7-111-71502-3

Ⅰ.①认… Ⅱ.①范… Ⅲ.①计算机视觉②机器学习 Ⅳ.①TP302.7②TP181

中国版本图书馆CIP数据核字（2022）第157783号

机械工业出版社（北京市百万庄大街22号　邮政编码100037）
策划编辑：梁　伟　　　　责任编辑：游　静
责任校对：贾海霞　王　延　封面设计：鞠　杨
责任印制：常天培
北京机工印刷厂有限公司印刷
2023年11月第1版第2次印刷
148mm×210mm · 6.125印张 · 4插页 · 115千字
标准书号：ISBN 978-7-111-71502-3
定价：39.00元

电话服务　　　　　　　　网络服务
客服电话：010-88361066　机　工　官　网：www.cmpbook.com
　　　　　010-88379833　机　工　官　博：weibo.com/cmp1952
　　　　　010-68326294　金　书　网：www.golden-book.com

　机工教育服务网：www.cmpedu.com

CCF优博丛书编委会

丛书序

博士研究生教育是教育的最高层级，是一个国家高层次人才培养的主渠道。博士学位论文是青年学子在其人生求学阶段，经历“昨夜西风凋碧树，独上高楼，望尽天涯路”和“衣带渐宽终不悔，为伊消得人憔悴”之后的学术巅峰之作。因此，一般来说，博士学位论文都在其所研究的学术前沿点上有所创新、有所突破，为拓展人类的认知和知识边界做出了贡献。博士学位论文应该是同行学术研究者的必读文献。

为推动我国计算机领域的科技进步，激励计算机学科博士研究生潜心钻研，务实创新，解决计算机科学技术中的难点问题，表彰做出优秀成果的青年学者，培育计算机领域的顶级创新人才，中国计算机学会（CCF）于 2006 年决定设立“中国计算机学会优秀博士学位论文奖”，每年评选不超过 10 篇计算机学科优秀博士学位论文。截至 2021 年已有 145 位青年学者获得该奖。他们走上工作岗位以后均做出了显著的科技或产业贡献，有的获国家科技大奖，有的获评国际高被引学者，有的研发出高端产品，大都成为计算机领域国内国际知名学者、一方学术带头人或有影响力的企业家。

博士学位论文的整体质量体现了一个国家相关领域的科技发展程度和高等教育水平。为了更好地展示我国计算机学科博士生教育取得的成效，推广博士生科研成果，加强高端学术交流，中国计算机学会于 2020 年委托机械工业出版社以“CCF 优博丛书”的形式，陆续选择 2006 年至今及以后的部分优秀博士学位论文全文出版，并以此庆祝中国计算机学会建会 60 周年。这是中国计算机学会又一引人瞩目的创举，也是一项令人称道的善举。

希望我国计算机领域的广大研究生向该丛书的学长作者们学习，树立献身科学的理想和信念，塑造“六经责我开生面”的精神气度，砥砺探索，锐意创新，不断摘取科学技术明珠，为国家做出重大科技贡献。

谨此为序。

中国工程院院士

2022 年 4 月 30 日

推荐序 I

视觉认知中的注意力机制是人眼高效感知周围环境的重要机制之一，《认知规律启发的显著性物体检测方法与评测》的研究内容以人类认知规律为理论基础，以感兴趣的目标为研究对象，深入研究了基于视觉注意力机制的建模中存在的三个重要问题：图像数据存在选择性偏差，视频标注与视觉注意转移具有不一致性，非结构化度量指标具有非完备性。针对这三个问题，作者从数据采集、模型构建、损失函数构造、评价标准设计和开源评测平台搭建方面入手，做出了系统性的创新贡献。作者积极践行开放、共享的科研记录行动倡议，通过在线演示系统、开源代码和公开讨论平台积极服务学术共同体。

该书研究内容紧密结合人类视觉认知机制与显著性计算技术，所提出的核心技术为计算机视觉的诸多任务提供了重要的技术基础。其主要贡献包括：揭示了视频显著性物体检测领域中长期使用的数据标注方式存在的本质缺陷，通过引入眼动仪来记录人眼视觉注意的变化，从而巧妙地解决了数据标注不一致的问题；设计了一个面向显著性转移的长短时记忆卷积网络，可通过学习人类注意力转移行为来有效地捕获视频动态显著性，该研究工作具有引领性的科学价值，并被计算机视觉顶级国际会议 IEEE CVPR 评为“Best Paper Finalist Award”；阐明了传统像素级评测指标的非完备性，设计的两项结构敏感的评测指标 S-measure 和 E-measure 均被显著性检测领域广泛采用，为计算机视觉前景目标分割系统的设计、研发、测试、部署与运维提供了一套更完备的评价标准。该书可为计算机视觉及模式识别领域的本科生、研究生以及科研工作者提供宝贵经验，值得推荐。

刘青山

南京信息工程大学教授

2022 年 5 月 21 日

推荐序Ⅱ

2017 年，国际计算机视觉大会（International Conference on Computer Vision，ICCV）在意大利水城威尼斯举办，我带着学生参加会议，碰到了范登平博士，他发表的论文引起了我的关注，当时他是南开大学的在读博士生。后来我受邀去程明明教授的媒体计算课题组访问交流，我和范博士再一次有了近距离的交谈。我们交流了很多关于显著性目标检测（Salient Object Detection，SOD）未来发展的问题。

SOD 涉及计算机视觉、机器学习、认知心理学以及脑科学等多个领域，属于热门的交叉学科研究领域，也是人工智能领域中的基础共性问题。我研究 SOD 课题已经有十来年了，一转眼认识范博士也已经有五个年头了，他顺利地从学生蜕变成一名优秀的学者，将我们当年探讨的课题变成了一篇篇顶级学术会议论文，如今又获得了 CCF 优秀博士学位论文奖。翻开《认知规律启发的显著性物体检测方法与评测》，可以看到他对 SOD 领域亟需解决的问题的深刻洞察，这些问题可以被概括为：①图像数据中的采集偏差性；②视频数据中的注意焦点转移性；③评价标准的局限性。针对这些科学难题，他从数据采集、模型设计和评价指标三个方面系统化地提出了解决方案。

例如，最令人兴奋的是“富上下文环境下的显著性物体检测数据集与评测”工作率先系统地梳理了SOD领域的模型，发现了当前数据采集的偏差性问题，并通过引入复杂背景下的显著目标图像，更真实地还原了SOD任务本身。评测模型的方式也从传统的整体性能评测过渡到了属性级（遮挡、光照变化、运动模糊等）性能评测，这为更加精细化的模型设计、参数调试和部署提供了重要参考依据。

第4章“基于注意力转移机制的视频显著性物体检测”，首次揭示了当前视频数据逐帧标注时目标不变性与人类在动态场景中关注目标时注意焦点转移的矛盾，作者利用眼动追踪仪器来实时标定受试者感兴趣的对象，从而构建了符合人类认知机制的目标检测新任务。该工作因其研究方向的前瞻性被国际计算机视觉与模式识别会议（Computer Vision and Pattern Recognition Conference，CVPR）评选为“Best Paper Finalist”（最佳入围论文）。

更值得一提的是，范博士针对当前像素级评价方式的局限性，设计了更符合人类认知规律的结构性指标S-measure以及基于整体-局部评价的增强型指标E-measure。它们已经成为SOD领域评测模型的黄金标准，为该领域的学术共同体提供了更加全面、客观的结果。E-measure由于其广泛的学术影响力，入选了Paper Digest学术平台筛选的2018年度国际人工智能联合会议（International Joint Conferences on Artificial Intelligence，IJCAI）最有影响力的10篇论文。

基础性、原创性和前沿性是该书的三个亮点，书中各章节都有对应的开源代码以及项目主页，我相信该书非常值得阅读，可为有志从事计算机视觉方向研究的学生提供良好的借鉴。

卢湖川

大连理工大学教授

2022年5月29日

导师序

本人是南开大学计算机学院的教师，研究方向为计算机视觉和计算机图形学，特向读者推荐《认知规律启发的显著性物体检测方法与评测》，该书的内容获得了2021年度中国计算机学会评选的“CCF优秀博士学位论文奖”。作者范登平博士于2015年考入媒体计算实验室（https://mmcheng.net/），在本人的指导下进行研究，于2019年6月以优秀毕业生的荣誉身份获得博士学位，先后加入阿联酋起源人工智能研究院（IIAI）和瑞士苏黎世联邦理工学院（ETH Zurich）继续从事科研工作。

人类获取的80%以上信息由视觉系统处理，而其能始终轻松应对的原因之一是具备视觉注意力机制。视觉注意力机制的研究涉及生物学、脑科学、计算机视觉以及深度学习等多个领域。研究如何让机器人系统具备类人的强大视觉感知能力，甚至超越人类视觉系统，在更加开放的场景下表现出优异的场景认知能力，是“新一代人工智能”技术体系中的技术难点，也是计算机视觉领域的研究重点，这有利于推动军事、医疗、农业和商业等领域的科技发展。

作者针对上述难题，从生物视觉认知机理入手，结合类脑计算与深度学习的最新研究成果，从数据采集、模型构建、学习函数设计、评测标准制定方面展开研究，在视觉注意机制领域形成了系统性的创新成果。例如，作者提出了开放环境下的显著性目标检测任务并搜集大规模的数据集进行属性级别的评测，从而将该领域的研究从实验室环境推进到更加真实的场景；首次揭示了视频显著性目标检测中注意焦点转移的问题，并突破性地提出了基于注意力转移的视频显著目标检测关键技术。值得一提的是该书第 5 章提出的基于结构相似度的评测标准 S-measure 被证明更加符合人类认知规律，特别是将与人的主观评价一致性的性能从低于 50%提升到了 77%，该成果被国际计算机视觉顶级会议 ICCV 2017 录用，并受邀做大会焦点论文报告。第 6 章提出的基于整体-局部相似度的评价标准 E-measure 相比国际最先进的评测算法，性能提高了 19%，成为显著性和伪装目标检测两大领域的黄金指标。 E-measure 被进一步推广应用到新冠肺炎诊断系统性能评估中，极大地提高了系统诊断效率，该系统获得了第二十二届中国国际工业博览会高校展区优秀展品特等奖。

该书内容属于典型的交叉学科研究课题，系统地展示了提出问题、构建新任务和解决问题的三步曲。作者为各个章节的内容提供了开源代码（https://dengpingfan. github. io/）、数据集以及在线演示系统等资源来更好地服务学术共同体，这种行为是非常值得称赞的。希望本书能够为有志从事人工智能研究的专家、学者提供更系统的研究思路，并将相关技术进一步推广到更广阔的领域中。

程明明

南开大学教授

2022年7月20日

摘 要

显著性物体检测技术起源于认知学中人类的视觉注意行为，即人类视觉系统能够快速地将注意力转移到视觉场景中最具信息量的区域而有选择性地忽略其他区域。该技术在现实生活中有着广泛的应用基础，如自动驾驶、人机交互、视频分割、视频字幕和视频压缩等。由于图像和视频数据（遮挡、模糊和运动模式等）自身存在的挑战以及人类在动态场景中注意行为（选择性注意分配和注意转移）固有的复杂性，显著性物体检测技术面临着巨大挑战。受制于采集设备，早期构建的显著性物体检测数据集表达真实场景的能力非常有限。同时，这一领域的评价指标是基于像素级误差的，完全忽略了人类认知规律的特性。上述问题严重制约了显著性物体检测技术的发展。

本书围绕图像、视频显著性物体检测，研究了基于人类认知规律的数据集构建、模型构建、评价指标三个方面的问题，主要创新点包括：

1）针对现有图像显著性物体检测公开测试存在的各种偏差问题，构建了一个富上下文环境下的图像显著性物体检测数据集 SOC，并首次从属性层面对现有方法进行了大量评测和深入分析。

2）针对视频显著性物体检测中注意力转移的问题，构建了第一个高质量、稠密标注的视频显著性物体检测（DAV-SOD）数据集；提出了基于注意力转移的 SSAV 模型，取得了国际领先的检测性能；提供了当前最大规模、最完整的视频显著性物体评测结果。

3）针对非二进制显著性物体检测质量评价的问题，提出了符合人类认知规律的度量指标 S-measure，使得评价方法从像素级过渡到结构级，特别是将与人的主观评价相一致的性能从 23%提升到了 77%。

4）针对二进制显著性物体检测质量评价的问题，提出了符合人类认知规律的度量指标 E-measure，使得评价方法在一个紧凑项中同时考虑了全局和局部信息，上述方法的性能比国际最先进算法提高了 19%。

关键词：显著性物体检测；评价指标；数据集；视频显著性；图像显著性

ABSTRACT

Salient Object Detection (SOD) originates from the cognitive studies of human visual attention behavior, *i. e.*, the astonishing ability of the human visual system to quickly orient attention to the most informative parts of visual scenes and ignore the other parts. SOD is thus significantly instrumental to a wide range of real-world applications, *e. g.*, autonomous driving, robotic interaction, video segmentation, video captioning, and video compression. Besides its academic value and practical significance, SOD presents great difficulties due to the challenges carried by video data (*e. g.*, occlusions, blur, large object-deformations, diverse motion patterns) and the inherent complexity of human visual attention behavior (*i. e.*, selective attention allocation, attention shift) during dynamic scenes. Subject to the limitation of the acquisition device, the early build salient object detection datasets do not represent the real scene well. Moreover, the evaluation metrics in this field ignore the properties of the human visual system and are all based on pixel-level error. The above problems have seriously restricted the development of salient object detection technology.

This dissertation is based on the cognitive theory and focuses on image and video salient object detection, the research directions including the collection of the dataset, the creation of the models, and the design of evaluation metrics. The major contributions of the dissertation are:

1) My analysis points out various serious data biases in existing SOD datasets. I built a new SOD dataset, called SOC which contains diverse contexts in a realistic environment. Then, a set of attributes (*e.g.*, Appearance Change) is proposed in an attempt to obtain a deeper insight into the SOD problem. I also present the currently largest scale performance evaluation of CNNs based SOD models.

2) To further advance the research of the saliency-shift issue, I elaborately collected a high-quality Densely Annotated Video Salient Object Detection (DAVSOD) dataset. The proposed SSAV model performs better against other top competitors over the five large-scale datasets. To further contribute to the community with a complete and the largest-scale benchmark, I systematically assess several representative video salient object detection algorithms.

3) To address the evaluation problem of the non-binary map, I propose a structure similarity-based SOD measure, called S-measure. Rather than based on pixelwise error, the new measure is

based on structural similarity. Especially, the performance of human consistency has improved from 23% to 77%.

4) I propose a novel and effective Enhanced-alignment measure (E-measure) for binary salient object detection map. The motivation from the cognitive vision studies which have shown that human vision is highly sensitive to both global information and local details in scenes. Thus, the new measure achieve the largest improvement of 19% compared with other popular measures in terms of specific meta-measures.

Key Words: Salient Object Detection (SOD); evaluation metric; dataset; video saliency; image saliency

目录

第 4 章 基于注意力转移机制的视频显著性物体检测

第 5 章 基于结构相似性的显著性检测评价指标

第 6 章 基于局部和全局匹配的显著性物体检测评价指标

第1章

绪论

1.1 本书背景

1.1.1 研究背景

图像和视频已经成为当今社会记录、表达和传递信息的主要媒介。因此，人们希望通过计算机高效、准确地处理这些规模日益增长的图像和视频。通过模拟人眼的视觉注意机制来智能地检测显著性物体已经成为计算机视觉领域中一个热门的课题，即**显著性物体检测**。该技术旨在从静止图像或动态视频中提取最吸引人注意力的物体。这项研究起源于认知学中人类的视觉注意行为，即人类视觉系统中的一项惊人能力——能够快速地将注意力转移到视觉场景中最具信息量的重要区域而有选择性地忽略其他区域[1-2]。

在早期研究中，不同学者对上述重要区域给出了不同的名称：感兴趣区域（region of interest）、重要性区域（important region）和显著性区域（saliency region）。除了采用不同的名词进行描述外，后续的学者又根据该区域是否与任务有关对其进行了分类。例如，没有给出特定暗示就能引起观察者注意的情况，称为被动注意，具有“自底向上、数据驱动、任务无关和快速”的特性。而对于带任务的刺激信号，比如暗示受试者搜索场景中某些特定对象，这种情况称为主动注意，具有“自顶向下、目标驱动、任务相关和慢速”的特点。

1.1.2 国内外研究现状

从1998年美国加州理工大学的 Laurent Itti 等人[3] 提出第一个基于生物启发的模型到2019年南开大学 Zhao 等人[4] 提出最新的基于深度学习技术的检测模型，显著性物体检测技术有了长足的进步。

早期阶段（1998—2012年）的工作经常被称为显著性检测，这一阶段工作的特点是集中于注意视点预测（fixation prediction），旨在利用计算机模型预测出与人眼注视点相一致的区域。2012年，Cheng 等人[5] 提出的全局显著性物体检测模型改变了显著性检测的方向。与传统视点预测不同，该工作的目标是定位并分割出显著的对象而不再是区域。理由是，现实世界中，人们经常需要对图像进行编辑。此时，以对象的方式来处理图像中的元素将更加自然且高效。随后，显著性物体检测（salient object detection）与注意视点检测

(fixation detection）齐头并进地蓬勃发展并且经常被统称为显著性检测（saliency detection）。

与此同时，随着深度学习技术的兴起，这一领域也从传统的启发式模型逐渐转变到以深度学习为主流的模型。1998—2015年出现的众多模型通常被称为传统模型（traditional model）。这些模型的具体细节超出了本书的研究范围，建议读者阅读Cheng等人发表在2015年图像处理领域期刊*IEEE TIP*上的文章[6]。因此，本书仅摘录出对这些模型的结论性评价，以便研究者对早期模型有全局的认识。研究表明，在过去几年中，模型的性能呈现出逐步提高的态势，可以预见在未来的一段时间内将会涌现出更优秀的模型。

1）评测结果显示，从所用的基本技术来看，2015年以前，排名前5位的模型基本都是建立在超像素（superpixel）这一技术上的。一方面，与使用独立的单个像素相比，利用超像素技术可以从区域中提取到更加有效的特征，比如，颜色直方图特征。另一方面，与局部分块技术相比，超像素技术对于基于区域的方法来说，可以更好地保留显著性物体的边缘从而得到更精准的检测性能。而且，由于超像素技术得到的区域数量远远小于使用单独像素或局部块得到的区域数量，因此这对基于区域的方法来说运行速度会更快。

2）评测结果为前6名的模型都考虑了背景先验，它们假设非常靠近图像边缘的很窄的像素边框是背景区域。相比那些基于局部先验的方法来说，这样的背景先验在测试集上的性能表现得更加鲁棒。

3）2015 年以前，最优秀的模型是 DRFI[7] 方法，它和其他方法非常不同，它根据 93 维的特征向量训练出一个回归模型，从而预测显著区域。DRFI 方法不是纯粹依赖于从输入图像中提取特征，而是去挖掘人工注释过程中特征整合的规则。这种简单的基于学习的方法表现出很高的性能，对基于数据驱动的显著性物体检测模型来说是一个很好的借鉴。

在静态图像上利用深度学习进行显著性物体检测始于 2015 年大连理工大学的 Wang 等人[8]。由于深度学习技术的兴起及其强大的特征表达能力，基于深度学习的显著性物体检测技术轻松登顶计算机视觉的各大顶级会议和顶级期刊。2015 年至今，基于深度学习的显著性物体检测模型的大规模详细评测可以参考本书第 2 章的内容以及 2022 年发表的最新综述论文[9]。从最近的评估[10] 可以看到，虽然图像显著性物体检测技术取得了长足的进步，在已有的数据集上甚至达到了 95%以上的分割精度，似乎这一问题已经有了一个较好的解决方案，但是，在真实场景的测试集下，即使考虑了这么多优秀的模型，这些原本声称鲁棒、高性能的模型无一例外地均表现得非常差劲。其原因是，模型的进步很大程度上是在拟合数据集的分布，而当前收集的数据集和真实场景图像还有一定的差距。

值得一提的是，2017 年华为公司在 Mate10 手机上成功地将该技术引入人像摄影中，从而首次在手机上实现了相机上才有的功能——背景虚化。此后，显著性物体检测技术再次引起了极大的关注。人类认知和探索世界的过程中，往往包含着丰富的上下文场景和信息，然而，由于数据采集受限，早期建立的数据集并不能很好地表现出真实场景的分布，从而导致设计的模型很难从人类认知的真实角度去挖掘数据集中的信息和特征。这一领域早期的评价体系都是基于其他领域通用的评价指标，例如，平均像素误差（MAE）这种逐像素的评价指标，这与人类评价分割结果的好坏也有区别。人类感知分割结果的好坏，会考虑局部信息、全局信息以及结构信息。综上所述，该领域长期缺乏一个大规模的评测数据集以及一套符合人类认知规律的评测指标。

下面简要介绍图像、视频的显著性物体智能感知模型与评价标准中，几个重要研究方向上目前的主要研究成果，并讨论其中存在的主要问题，进而得出本书研究工作的定位和意义。

1.1.3 开放性评测数据集及智能检测模型

图像领域：图像领域中有两个最具代表性的评测工作，第一个是麻省理工学院的 Judd 等人[11] 构建的最大规模的注意视点预测（eye fixation prediction）模型的公开评测数据集。评测中引入了近 90 个模型，采用了 8 个指标进行全面的评测。第二个评测工作则是由 Cheng 等人[6] 在 2015 年搭建的显著性物体检测（salient object detection）模型的公开评测平台。评测中包含了 40 多种启发式、经验式的传统显著性检测模型，每种模型采用 5 种不同的指标（ROC 曲线、AUC 曲线、PR 曲线、F-measure、MAE）进行评测。自 2015 年以来，随着深度学习技术的迅猛发展，大量的深度模型相继诞生，但是并没有一个类似的工作，将这些深度模型广泛地集中起来进行全面的评测，以便提供一个标准的评测数据集以及平台来公平地比较模型的性能。

本书研究的一个重点就是构建一个大规模的、开放环境下的数据集，同时将当前最新的深度模型集合在一起进行综合评测。深度分析这些模型的优缺点，可以为未来的研究者在设计模型、评测模型以及改进模型的方向上提供丰富的资源。这项工作一经开源就得到了国内外学者的广泛关注。

视频领域： 视频显著性检测的研究相比图像显著性检测起步晚。2010 年由 Rahtu 等人[12] 提出的 SIVM 模型是该领域第一个公开发表在顶级会议上的工作。该模型利用条件随机场以及统计学方法，取得了当时最好的性能。近年来，光流技术[13-18] 成为视频显著性物体检测领域的主要技术手段之一。由于显著的物体一般处于运动状态，利用光流特征就能够得到不错的效果。除光流技术外，另一个常用的技术[17,19-24] 是超像素（superpixel）。利用超像素进行预处理，可以对较远处相互隔离开的像素建立上下文关系，进而更好地推理显著性物体的空间分布。

虽然视频显著性经过多年的发展也取得了一定的进步，但是视频显著性领域仍然存在三个主要问题。首先，由于视频显著性具有巨大的商业价值，往往性能较好的模型被商业化后代码没有开源，或者对外开放的版本是加密版本，从而造成了该领域发展较缓慢。其次，早期的视频显著性物体检测数据集规模都比较小，只有几十个视频。例如，最早开源的数据集 SegV2[25] 仅仅包含了 14 个短视频。2018 年 Li 等人的最新视频显著性物体检测数据集 VOS[26] 的评测工作，将视频数量从几十的量级提升到了上百的量级，从一定程度上解决了当前深度学习缺乏训练数据的问题。但是该数据集的缺点也非常明显，例如视频场景单一、包含过多的冗余帧、视频标注采用稀疏标注、标注质量较低等，限制了该数据集大规模推广的可能性。最后，视频显著性领域中标注视频数据时都是将动态的视频拆为静态的图像帧来标注，这会丢失视频的动态场景中独特的显著性物体转移现象，从而导致一个非常严重的问题，即模型在当前的数据集上训练得到了很高的性能，但是遇到真实环境时，模型性能就会急剧下降。

为此，本书在视频显著性物体检测领域的研究重点就是：以显著性物体转移现象为主线，首先构建一个全新的、高质量标注的、数量规模最大的视频数据集来反映真实场景中的显著性转移现象；其次，针对这一新问题提供一个实时、高效处理的智能检测模型；最后，收集近年来具有代表性的、高性能的开源模型，采用全面广泛的评测指标在所有公开的数据集上进行评测，力图构建一个最全面的综合评测平台。它不仅可以促进视频显著性物体检测领域朝着正确的方向发展，也有利于后续学者对该领域的发展有一个更加全面的了解和认识，同时，本书提出的智能检测模型起到了抛砖引玉的作用，为该领域的技术落地提供了重要的基础。

1.1.4 综合评价体系

无论是图像领域还是视频领域，显著性物体检测通常都采用 3 个所谓的“黄金指标”（F-measure、MAE 和 PR 曲线）。然而这 3 个黄金指标并不像黄金那么坚固。以色列的学者们在 2014 年 CVPR 的工作[27] 中就指出了当前指标的缺陷。如图 1.1 所示，完全不同的前景图（图 1.1a 和图 1.1b）在经过 PR 曲线评估（采用一系列阈值化操作，如图 1.1a1 ~ 图 1.1a3，图 1.1b1 ~ 图 1.1b5）时得到了相同的 PR 分数，这显然不合理。详细的分析请查阅文献［27］。

受到该工作的启发，本书的另一个研究重点是为显著性物体检测领域设计符合人类认知规律的评价指标，同时结合当前的数据集，构建一个最广泛的评价体系。以更加全面的评测指标重新审视当前和过去的模型，对显著性物体检测领域的发展有着至关重要的作用，也对客观比较模型、深入分析模型的优缺点以及企业对使用哪些模型到产品中进行决策都非常有价值，值得深入研究。

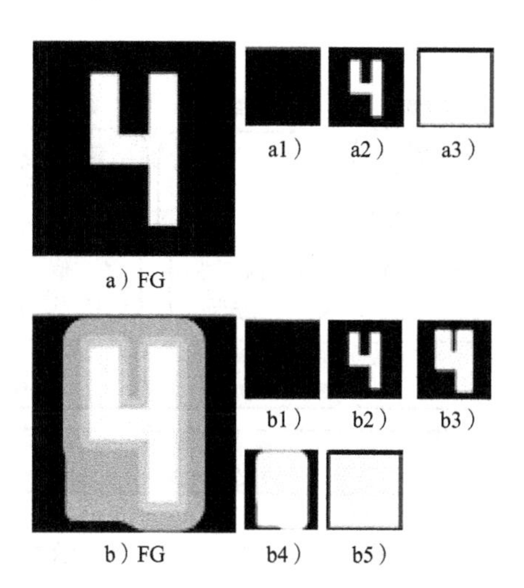

图 1.1 PR 曲线的不准确度量示例㊀

1.2 研究目标与主要贡献

为了提高图像和视频显著性物体检测智能感知技术以及制定标准的评测规范，本书的主要研究目标包括：构建开放性评测数据集；提出智能的显著性物体检测模型；构建综合评价体系。本书以显著物体检测技术为出发点对图像和视频场景中的对象进行分析（4 个主要工作之间的关系见图 1.2），提出了一系列解决图像、视频显著性物体检测关键

㊀ 图片来源于文献［27］。

问题的方案。

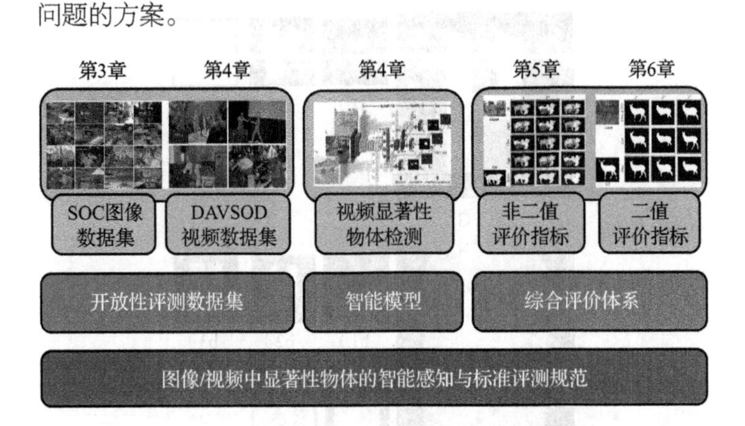

图 1.2　本书主要工作之间相互关系的示意图

1）当前的图像显著性物体检测数据集假设图像包含至少一个显著物体，丢弃了不包含显著物体的图像。然而，在真实的环境中所采集的图像可能并不包含显著物体，因此以往的数据集在构建时具有严重的数据选择偏见（selection bias），这违背了人类生活场景中包含丰富上下文环境的认知规律。鉴于此，本书构建了一个全新的、高质量的图像显著性物体检测数据集，将其命名为 SOC（salient object in clutter）。迄今为止，SOC 是国际上最大规模的实例级图像显著性物体检测数据集，包含了 80 多个常见类别，共计 6 000 张图像。相比现有的数据集，SOC 数据集中的显著物体具有类别注释，可用于诸如弱监督的显著性物体检测任务之类的新型研究；SOC 包含了非显著物体，这使得该数据集更接近真实世界场景，并且比现有数据集更具挑战性；SOC 中的显著物体可以反映真实世界中所面临的各种挑战，如运动造成的模糊、遮挡和杂乱的背景。因此，SOC 数据集缩小了现有数据集与真实世界场景之间的差异。此外，为了评测当前基于深度学习技术的显著物体检测模型的性能，作者进一步引入三个评测指标（基于区域相似性、基于结构相似性和基于像素精度）来度量检测结果。基于属性的性能评测让研究人员更深入地理解了模型并且进一步指出了具有潜力的研究方向。

2）基于人类视觉系统中的注意力转移机制，本书专门为视频显著性物体检测（Video Salient Object Detection，VSOD）任务构建了一个国际上最大规模的、稠密标注的视频显著对象检测（Densely Annotated Video Salient Object Detection，DAVSOD）数据集。DAVSOD 具有三个特点。①它包含 226 个视频序列，严格地根据真实的人类注意视点来标注。更重要的是，选择性注意和注意力转移这两个重要的动态注意特性都被考虑到了。在 DAVSOD 数据集中，显著对象可能会在不同时刻有所改变，这更符合实际情况且需要对视频内容有更完全的理解。这样就构建了一个和视觉注意力相一致的 VSOD 数据集。②视频序列通过精心筛选得以涵盖多样的场景/对象类别、运动模式，并被逐帧、逐像素精确地标注（大于 2 万帧）。③DAVSOD 提供了对象和实例级的标注以及简短的文字描述。这有利于促进各种潜在研究方向的发展，如实例级 VSOD、视频显著对象感数、基于显著性的视频字幕等。利用已建立的 DAVSOD 数据集和之前的 7 个 VSOD 数据集[25-26,28-32]，作者对国际上现有的 17 种最先进的模型进行了全面的评测，使其成为当前最完整的 VSOD 评测。作者还提出了一个名为 SSAV（面向显著性转移的 VSOD）的智能检测模型。它通过使用显著性转移感知 convLSTM 模块来学习并预测视频显著性，该模块显式地模拟人类在动态场景中的视觉注意力转移行为。实验证明了 SSAV 模型是当前国际上性能最高、鲁棒性最强的 VSOD 模型。

3）人类视觉系统对场景中的结构非常敏感，作者基于结构相似性提出了一种非二值显著图的评价指标。受到高质量的前景图的两个特性的启发，该指标由面向区域和面向物体的结构相似性度量两个部分组成。面向区域的结构相似性度量试图通过组合“物体-部分”的结构信息来捕捉整体的结构信息。而面向物体的结构相似性度量试图比较显著性映射图和标准映射图中前景和背景区域的全局分布。为了验证评价指标的性能，作者进一步设计了 5 个元度量，并在 5 个公开的测试集上进行实验，其中用户调研的实验结果表明本书的指标在人眼感知一致性的性能（一致性为 72%）上远比当前最广泛采用的 AP 指标（一致性低于 50%）高。

4）本书提出了一种基于局部和全局匹配的二值显著图评价指标。认知视觉研究表明，人类视觉系统对场景中的结构（如全局信息、局部细节）高度敏感。基于上述观察，作者设计了一种适合评估二值显著图的新方法。该方法在二值图上有明确的定义，并且在一个单元中组合了局部和全局相似度信息，这有助于联合捕获图像级统计和局部像素匹配信息。为了测试这些评测指标的性能，作者进一步提出了一个新的元度量（最新方法检测的前景图与噪声图），并建立了一个新的数据集，该数据集包含了 555 张由受试者排序后的二值前景图。作者使用这个数据集来检查当前度量与人类判断之间的排序一致性。实验表明，在 4 个流行数据集上使用 5 个元度量进行评测，本书所提出的评价指标远远优于已有的最好的评价指标。

1.3 本书的组织结构

本书的组织结构为：第 1 章介绍本书的研究背景并简述研究目标和主要贡献；第 2 章介绍相关工作，包括图像显著性物体检测、视频显著性物体检测、非二进制显著性物体检测评价指标和二进制显著性物体检测评价指标；第 3 章详细介绍富上下文环境下的显著性物体检测数据集与评测，包括显著性物体检测数据集的构建和基于属性的评测；第 4 章详细介绍本书提出的基于注意力转移机制的视频显著性物体检测技术、新的视频显著物体检测数据集以及模型的评测；第 5 章详细讨论本书提出的基于结构相似性的显著性检测评价指标，并利用该评价指标对多种基于深度学习的模型进行评测；第 6 章讨论本书提出的基于局部和全局匹配的显著性物体检测评价指标，该指标主要针对物体分割之后的二值显著图的评价，通过一系列元度量实验，作者证明了该指标最符合人眼的感知；第 7 章总结全书并讨论未来的研究方向。

第2章

相关工作

本章将按照绪论部分 1.1.3 节中图像领域、视频领域、综合评价体系三个方面，分别介绍“图像显著性物体检测”“视频显著性物体检测”“非二进制显著性物体检测评价指标”“二进制显著性物体检测评价指标”这四个类别下的相关研究。

2.1 图像显著性物体检测

本节将在 2.1.1 节简要讨论那些现有的为显著性物体检测（SOD）任务设计的数据集，尤其从标注类型、每张图像的显著物体数量、图像数量和图像质量等方面展开，并在 2.1.2 节回顾基于卷积神经网络的 SOD 模型。

2.1.1 图像显著性物体检测数据集

早期数据集要么受限于图像的数量，要么受限于显著物体的标注质量。例如，数据集 MSRA-A[33] 和 MSRA-B[33] 中的显著物体以标定框（bounding box）的形式进行标注。ASD[34] 和 MSRA10K[5] 中大多数图像只包含一个显著物体，而 SED2[35] 数据集虽然在单张图像中包含两个物体，但仅有 100 张图像。为了提高数据集的质量，近年来研究人员开始收集具有相对复杂、杂乱背景以及包含多个物体的数据集。这些数据集包括 DUT-OMRON[36]、ECSSD[37]、Judd-A[38] 和 PASCAL-S[39]。与之前的数据集相比，这些数据集在标注质量和图像数量方面得到了改进。数据集 HKU-IS[40]、XPIE[41] 和 DUTS[42] 通过收集具有多个显著物体的大量逐像素标注图像（图 2. 1b）来克服这些缺点。然而，它们忽略了非显著物体，并且没有提供实例级（图 2. 1c）的显著物体标注。除此之外，Jiang 等人[43] 收集了大约 6 000 张简单的背景图像（大多数是纯纹理图像）来表示非显著的场景，但由于真实场景更复杂，因此该数据集不足以反映真实场景。ILSO[44] 数据集包含实例级显著对象标注，但其标注的边界仍较为粗糙。

总而言之，现有数据集主要集中在具有简单背景、含有单一显著物体的图像上。考虑到现有数据集的上述局限性，需要构建一个具有非显著物体、具有属性的显著物体、包含“户外场景”、更贴近真实场景的数据集用于该领域的未来研究，从而帮助研究者深入洞察 SOD 模型的优缺点。

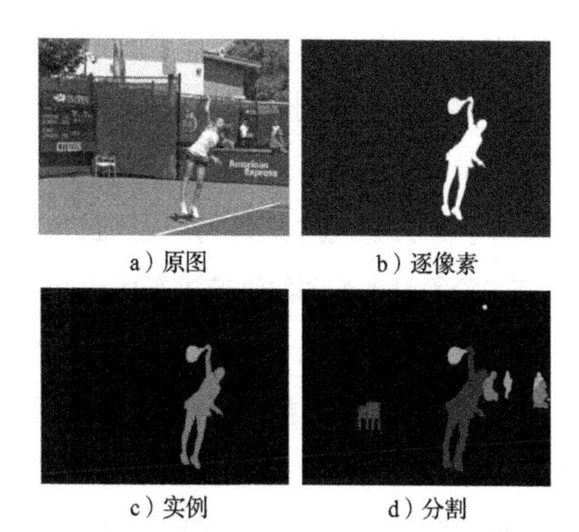

a）原图　b）逐像素　c）实例　d）分割

图 2.1　之前的 SOD 数据集仅通过绘制显著物体的逐像素轮廓（图 2.1b）来标注图像。不同于来自 MSCOCO 的物体分割（图 2.1d）数据集[45]（该数据集中物体不一定是显著的），**本书的工作焦点在于对显著物体的实例级**（图 2.1c）**分割**

2.1.2　基于深度学习的图像显著性物体检测模型

根据任务的数量，SOD 深度神经网络模型可分为单任务模型和多任务模型。

单任务模型的唯一目标是检测图像中的显著物体。在 LEGS[8] 中，局部信息和全局对比度分别由两个不同的深度卷积神经网络捕捉，然后将它们融合以生成显著图。在文献［48］中，Zhao 等人为 SOD 提出了一个多尺度上下文深度学习框架（MC）。Li 等人[40] 提出的 MDF 利用深度卷积神经网络提取多尺度特征来导出显著图。Li 等人[49] 提出了一个深度对比网络（DCL），该网络同时融合了像素信息和由分割引导的信息。Lee 等人[50] 提出的 ELD 考虑了从卷积神经网络中提取的高级特征和手工设计的特征。Liu 等人[51] 提出的 DHS 设计了一个两阶段的网络，第一阶段得到一个粗略的概览预测图，第二阶段对预测图的细节进行优化并逐步、分层地对预测图进行上采样。Long 等人[60] 提出了一种全卷积网络（FCN），该网络使密集像素预测问题的端到端训练变得可行。RFCN[52] 使用了一个重复的全卷积网络将粗糙的预测图作为显著性的先验信息，并以一种逐阶段的方式改进了最后生成的预测图。DISC[53] 框架被提出用于细粒度图像的显著性计算，它利用两个堆叠的卷积神经网络来分别获得粗糙和细粒度的显著图。IMC[54] 通过全卷积网络在不同层面上整合了显著性线索，它是一种可以有效地利用学习到的语义线索和高阶区域统计数据来获得精确边缘的 SOD 模型。2019 年，业内提出了一种具有短连接（DSS）的深度网络模型[55]。Hou 等人添加了从高级别特征到基于 HED[61] 架构的低级别特征的连接，并且该架构实现了良好的性能。NLDF[56] 整合了局部和全局特征，并在标准交叉熵损失中增加了边界损失项以训练端到端网络。AMU[57] 是一个通用的聚合多级卷积特征的框架，它将粗略的语义和详细的特征映射集成到多个分辨率中，然后自适应地学习如何将每个分辨率的特征图和预测的显著图与组合特征图相结合。Zhang 等人提出了 UCF[58] 以便提高显著性检测的鲁棒性和准确性，他们在特定的卷积层之后引入了改进的随机失活（reformulated dropout）步骤，然后在一个高效的混合上采样操作之后也引入了改进的随机失活步骤，从而减少解码器网络中因反卷积操作造成的棋盘效应。

多任务模型通常会在一个模型当中检测多个任务，例如同时给出边缘检测的结果以及显著物体检测的结果，或者同时给出实例级显著物体分割和对象级显著物体分割等。多任务模型最早的 3 种模型为 DS、WSS 和 MSR。DS 模型[59] 建立了一个多任务的学习方案，该模型被用于探索显著性检测和语义图像分割之间的内在相关性，从而高效地利用卷积网络来提取对象特征。2017 年，Wang 等人[42] 提出了一个名为 WSS 的模型，该模型开发了一种使用图像级标签进行显著性检测的弱监督学习方法。首先，他们共同训练前景推理网络（FIN）和全卷积网络进行图像分类；然后，利用迭代 CRF 微调过的前景推理网络来增强显著图中空间特征的一致性。MSR[44] 与多尺度组合聚类和基于 MAP[62] 的子集优化框架相结合后被用于显著区域检测和显著物体轮廓检测，该模型在不同的尺度上使用 3 个微调过的 VGG 共享参数网络以及 1 个训练过的注意力模型，以得到更好的融合结果。作者根据 SOC 数据集对大量最先进的基于卷积神经网络的模型（见表 2. 1）进行了基准测试，发现了当前模型存在的问题并指出了未来的研究方向。

表 2.1　基于卷积神经网络的 SOD 模型

	编号	模型	年份	发表	训练数	训练集合	基础模型	FCN	超像素	包围盒	边缘
单任务	1	LEGS[8]	2015	CVPR	3 340	MB+P	—	×	×	√	×
	2	MC[48]	2015	CVPR	8 000	MK	GoogLeNet	×	√	×	×
	3	MDF[40]	2015	CVPR	2 500	MB	—	×	√	×	√
	4	DCL[49]	2016	CVPR	2 500	MB	VGGNet	√	√	×	×
	5	ELD[50]	2016	CVPR	9 000	MK	VGGNet	×	√	×	×
	6	DHS[51]	2016	CVPR	9 500	MK+D	VGGNet	×	×	×	×
	7	RFCN[52]	2016	ECCV	10 103	P2010	—	√	√	×	√
	8	DISC[53]	2016	*TNNLS*	9 000	MK	—	×	√	×	×
	9	IMC[54]	2017	WACV	6 000	MK	ResNet-101	√	√	×	×
	10	DSS[55]	2017	CVPR	2 500	MB	VGGNet	√	×	×	√
	11	NLDF[56]	2017	CVPR	2 500	MB	VGGNet	√	×	×	×
	12	AMU[57]	2017	ICCV	10 000	MK	VGGNet	√	×	×	√
	13	UCF[58]	2017	ICCV	10 000	MK	—	√	×	×	×
多任务	1	DS[59]	2016	*TIP*	10 000	MK	VGGNet	√	√	×	×
	2	WSS[42]	2017	CVPR	456 000	ImageNet	VGGNet	√	√	×	×
	3	MSR[44]	2017	CVPR	5 000	MB+H	VGGNet	√	×	√	√

注：作者将这些模型分为单任务和多任务。**训练集合：** MB 是 MSRA-B 数据集[33]，MK 是 MSRA-10K[5] 数据集，ImageNet 数据集来源于文献［46］，D 是 DUT-OMRON[36] 数据集，H 是 HKU-IS[40] 数据集，P 是 PASCAL-S[39] 数据集，P2010 是 PASCAL VOC 2010 语义分割数据集[47]。**基础模型：** VGGNet、ResNet-101、AlexNet 以及 GoogLeNet 是所基于的模型。**FCN：** 模型是否使用全卷积网络。**超像素：** 模型是否使用超像素。**包围盒：** 模型是否使用包围盒。**边缘：** 模型是否使用边缘或轮廓信息。

2.2 视频显著性物体检测

与上节不同，本节将从视频的角度总结当前显著性物体检测的相关工作。2.2.1 节简要讨论那些现有的为视频显著性物体检测（SOD）任务设计的数据集，尤其从视频数量、视频标注的数量、是否是稠密标注、是否考虑了注意力转移、标注的是否为实例级别等方面展开讨论。2.2.2 节回顾了传统方法以及最近兴起的基于卷积神经网络的 VSOD 模型。

2.2.1 视频显著性物体检测数据集

这些年，有几个数据集被建立或引入到视频显著性物体检测（VSOD）领域。表 2.2 列出了这些数据集的统计数据。其中，SegV2[25] 和 FBMS[28] 是两个早期被采用的数据集。由于它们是为特定目的而设计的，因此不太适合 VSOD 任务。另一个 MCL[30] 数据集仅有 9 个简单的视频序列。ViSal[29] 则是第一个专门设计的 VSOD 数据集，包含 17 个带有明显对象的视频序列。Wang 等人[16] 把著名的视频分割数据集 DAVIS[31] 引入 VSOD 中，它由 50 个具有挑战性的场景组成。尽管上述数据集从不同程度上促进了 VSOD 的发展，但其规模（仅几十个视频）严重受限，并且这些数据集的构建未考虑动态场景中人类真实的注意视点，仅仅由几个标注者以手工的方式武断地找出显著物体，他们在标注过程中不考虑复杂场景中的帧间时序特性而是进行单帧独立标注。一个较大(200 个视频）规模的 VOS[26] 数据集一定程度上弥补了上述缺陷。但它的多样性和普遍性非常有限，因为它含有大量简单的室内场景和相机稳定拍摄的场景。

表 2.2　DAVSOD 数据集以及当前 VSOD 数据集的统计数据

数据集	年份	#Vi.	#AF.	DL	AS	FP	EF	IL	DE
SegV2[25]	2013	14	1 065	√					
FBMS[28]	2014	59	720						
MCL[30]	2015	9	463						
ViSal[29]	2015	17	193						
DAVIS[31]	2016	50	3 455	√					
UVSD[32]	2017	18	3 262	√					
VOS[26]	2018	200	7 467			√			
DAVSOD	2019	**226**	**23 938**	√	√	√	√	√	√

注：显然，DAVSOD 提供了更加丰富的标注。#Vi.：视频数量。#AF.：标注帧的数量。DL：是否是稠密（逐帧）标注。AS：是否考虑了注意力转移。FP：是否根据人眼注视点标注显著物体。EF：是否为标注的显著对象提供人眼注视点。IL：是否提供实例级标注。DE：是否提供视频文本描述。

总的来说，DAVSOD 与上述数据集有明显的区别：①通过深入分析动态场景下人类真实的注意行为，作者发现了视觉注意力转移现象，从而首次强调动态场景中的显著对象转移，并提供了唯一的、与视觉注意力相一致的标注；②其多样性、大规模稠密标注、完整的对象/实例级显著对象的标注、视频描述以及丰富的属性标注（如显著对象的数量、运动模式以及场景/对象类别等），一起为 VSOD 任务打下了坚实而独特的基础。

2.2.2 视频显著性物体检测模型

早期的 VSOD 模型[12,19-21,29-30,32,75,92-93] 建立在手工设计的特征（如颜色、运动等）之上，并在很大程度上依赖于图像显著对象检测领域（例如中心周边对比[5]、背景先验[94]）中典型的启发式方法和视觉注意认知理论（例如特征整合理论[1]、引导式搜索[95] 等）。此外，它们还探索了采用不同的计算机制整合空间和时间显著特征的方法，如梯度流场[29]、测地距离[20]、重启随机游走[30] 和光谱图结构[66]。因此，如表 2.3 所示，繁重的特征工程以及表达能力有限的手工特征必然束缚了传统 VSOD 模型的发展。

因深度神经网络在图像显著性检测[96-103] 领域的成功应用，基于深度学习的 VSOD 模型[16-17,76,83,85,89,91] 备受关注。具体而言，Wang 等人的研究[16] 是 VSOD 中最早采用全卷积神经网络的。另一项同期工作[76] 使用 3D 滤波器将空间和时间信息合并到时空 CRF 框架中。后来，时空深度特征[83]、RNN[85]、金字塔扩张 convLSTM[89] 陆续被提出，以便更好地捕捉空间和时间显著特征。由于神经网络强大的学习能力，这些基于深度学习的 VSOD 模型通常取得了较好的性能。然而，这些模型都忽略了对于理解人类视觉注意机制非常重要的显著性转移现象。相对而言，本书的基础模型 SSAV（Saliency-Shift-Aware VSOD）明确地利用显著性转移线索，得到了卓有成效的结果。

表 2.3　36 个先前具有代表性的 VSOD 方法和提出的 SSAV 模型

模型	年份	发表	训练数量	训练集	Basic	类型	OF	SP	S-measure	PCT	代码
SIVM[12]	2010	ECCV			CRF、统计量	T			0.481~0.606	72.4*	M、C++
DCSM[69]	2011	*TCSVT*			SORM 距离	T				0.023*	C++
RDCM[13]	2013	*TCSVT*			gabor、区域对比	T	√			9.8*	N/A
SPVM[19]	2014	*TCSVT*			超像素、直方图	T		√	0.470~0.724	56.1*	M、C++
CDVM[70]	2014	*TCSVT*			压缩域	T				1.73*	M
TIMP[14]	2014	CVPR			时间映射	T	√		0.539~0.667	69.2*	M、C++
STUW[15]	2014	*TIP*			不定加权	T	√			50.7*	M
EBSG[71]	2015	CVPR			格式塔原理	T	√				N/A
SAGM[20]	2015	CVPR			测地距离	T	√	√	0.615~0.749	45.4*	M、C++
ETPM[72]	2015	CVPR			眼动追踪先验	T	√				N/A
RWRV[30]	2015	*TIP*			随机游走	T			0.330~0.595	18.3*	M
GFVM[29]	2015	*TIP*			梯度流	T	√	√	0.613~0.757	53.7*	M、C++
MB+M[73]	2015	ICCV			最小障碍距离	T			0.552~0.726	0.02*	M、C++
MSTM[74]	2016	CVPR			最小生成树	T			0.540~0.657	0.02*	M、C++

SGSP[32]	2017	*TCSVT*			图、直方图	T	√	√	0.557~0.706	51.7*	M、C++
SFLR[21]	2017	*TIP*			低秩一致性	T	√	√	0.470~0.724	119.4*	M、C++
STBP[22]	2017	*TIP*			背景先验	T		√	0.533~0.752	49.49*	M、C++
VSOP[75]	2017	*TC*			对象候选框	T	√	√			M、C++
DSR3[76]	2017	BMVC	44 个视频	10C+S2+DV	RCL[77]	D					Py、Ca
VQCU[66]	2018	*TMM*			光谱、图结构	T		√		0.78*	M
CSGM[78]	2018	*TCSVT*			视频联合显著性	T	√	√		3.86*	M、C++
STUM[79]	2018	*TIP*			局部时空邻域线索	T					N/A
SAVM[80]	2018	*PAMI*			测地距离	T	√	√	0.615~0.749	45.4*	M、C++
bMRF[67]	2018	*TMM*			MRF	T	√	√		2.63*	N/A
LESR[68]	2018	*TMM*			局部估计、时空估计	T	√	√		5.93*	N/A
TVPI[81]	2018	*TIP*			测地距离、CRF	T		√		2.78*	M、C
SDVM[82]	2018	*TIP*			时空分解	T					N/A
SCOM[23]	2018	*TIP*	~10K 帧	MK	DCL[49]	D	√	√	0.555~0.832	38.8	N/A
STCR[83]	2018	*TIP*	44 个视频	10C+S2+DV	CRF	D		√			N/A
DLVS[16]	2018	*TIP*	~18K 帧	MK+DO+S2+FS	FCN[60]	D	√	√	0.637~0.881	0.47	Py、Ca

（续）

模型	年份	发表	训练数量	训练集	Basic	类型	OF	SP	S-measure	PCT	代码
SCNN[17]	2018	*TCSVT*	~11K 帧	MK+S2+FS	VGGNet[84]	D	√	√	0.657~0.847	38.5	N/A
FGRN[85]	2018	CVPR	~10K 帧	S2+FS+DV	长短时记忆	D	√		0.673~0.861	0.09	Py、Ca
SCOV[18]	2018	ECCV			BOW[86]、FCIS[87]	T	√	√		3.44	N/A
MBNM[24]	2018	ECCV	~13K 帧	VCD	运动特征、DeepLab[88]	D	√		0.654~0.898	2.63	N/A
PDBM[89]	2018	ECCV	~18K 帧	MK+DO+DV	DC[90]	D			0.678~0.901	0.05	Py、Ca
UVOS[91]	2018	ECCV			标准边缘提取器	D	√	√			N/A
SSAV	2019	CVPR	~17K 帧	DAVSOD 训练集+DO+DV	SSLSTM、PDC[89]	D			0.699~0.943	0.05	Py、Ca

注：**训练集**：10C = 10-Clips[63]，S2 = SegV2[25]，DV = DAVIS[31]，DO = DUT-OMRON[36]，MK = MSRA10K[5]，MB = MSRA-B[33]，FS = FBMS[28]，VCD = PASCAL VOC2012[64] +MSCOCO[45] +DV。**Basic**：CRF = 条件随机场，SP = 超级像素，SORM = 自序相似度量，MRF = Markov Random Field。**类型**：T = 传统方法，D = 深度学习。**OF**：是否使用光流技术。**SP**：是否使用超像素过分割技术。**S-measure**[65]：表 4.2 中 8 个数据集 S-measure 的得分范围。**PCT**：每帧计算时间（秒）。由于取自文献［13，17-18，23-24，66-68］的模型没有公布代码，因此运行时间 PCT 来源于原文献或者由文献作者提供。**代码**：M = Matlab，Py = Python，Ca = Caffe，N/A = 无法从文献中获得。“*”表示 CPU 运行时间。

本书在7个以前的数据集和我们构建的DAVSOD数据集上系统地对17个最先进的VSOD模型[25-26,28-32]进行了评测，这项工作是迄今为止在VSOD领域中规模最大的性能评估工作。本书借助大量的定量结果，为VSOD领域呈现了一系列重要的结论并指出了若干有前景的研究方向。

2.3 非二进制显著性物体检测评价指标

除了回顾图像和视频显著性物体检测领域中的相关工作以外，本章还将回顾显著性物体检测领域当中针对检测结果的评价指标问题。2.3.1节将简单介绍传统的二值显著图的评估方法。2.3.2节将介绍当前非二值显著图的评估方式。2.3.3节简单分析当前指标的局限性，为本书研究结构性指标埋下伏笔。

2.3.1 二值显著图的评估

评估二值显著图需要从预测的混淆矩阵中计算出4个值：真正类（TP）、真负类（TN）、假正类（FP）和假负类（FN）。然后将这些值用于计算3个比值：正确率或召回率（TPR）、假阳性率（FPR）以及精度（Precision）。给定一个显著图S，可以利用一系列阈值得到二值的映射图M，然后结和人工标注图G来计算精度（Precision）和正确率（Recall）：

$$\text{Precision}=\frac{|M\cap G|}{|M|},\quad \text{Recall}=\frac{|M\cap G|}{|G|} \tag{2.1}$$

TPR 和 FPR 则由下列公式计算：

$$\text{TPR}=\frac{|M\cap G|}{|G|},\quad \text{FPR}=\frac{|\overline{M}\cap\overline{G}|}{|\overline{G}|} \tag{2.2}$$

其中 $\overline{M}$ 和 $\overline{G}$ 分别为 M 和 G 的补集。将精度和召回率结合起来就可以计算出传统的 F_β-measure：

$$F_\beta=\frac{(1+\beta^2)\ \text{Precision}\cdot\text{Recall}}{\beta^2\cdot\text{Precision}+\text{Recall}} \tag{2.3}$$

β 为精度和召回率之间的调和参数，通常设置 $\beta^2=0.3$ 来增大精度的权重。

2.3.2 非二值显著图的评估

AUC 和 AP 是两个被普遍认可的评价指标。当算法生成的结果为非二值的显著图时，评估模型预测图（非二值显著图）和人工标注图（GT）之间的一致性需要 3 个步骤。首先，将多个阈值应用于非二值显著图以获得多个二值显著图。其次，将这些二值显著图与二值的人工标注图进行比较，得到一系列 TPR 和 FPR 值。最后，将这些值绘制成二维曲线，AUC 指标就是计算这个曲线下的面积。

AP 指标的计算方法与 AUC 类似。它通过绘制精度 $p(r)$ 作为召回率 r 的函数来获得精度和召回率曲线。AP 指标[104]是 x 轴从 $r=0$ 到 $r=1$ 的均匀间隔点的 $p(r)$ 的平均值。

一个名为 F_{β}^{ω}[27] 的指标对 F_{β}-measure 做了更一般的推广，它被定义为：

$$F_{\beta}^{\omega}=\frac{(1+\beta^{2})\ \mathrm{Precision}^{\omega}\cdot \mathrm{Recall}^{\omega}}{\beta^{2}\cdot \mathrm{Precision}^{\omega}+\mathrm{Recall}^{\omega}} \tag{2.4}$$

F_{β}^{ω} 的作者发现了 AP 和 AUC 评价指标不准确的 3 个原因。为了弥补这些缺陷，他们将 4 个基本量 TP、TN、FP 和 FN 扩展为非二值值，并根据错误发生的不同位置，为错误的邻域信息分配不同的权重（ω）。虽然 F_{β}^{ω}（为便于标注，本书图中记为 Fbw）改进了其他指标的缺点，但是有时它也不能给前景显著图一个正确的排序结果（参见图 5.1 的第 3 行）。在下一小节中，本书将分析为什么当前的指标不能正确地对这些显著图进行排序。

2.3.3 当前指标的局限性

传统的指标（AP、AUC 和 F_{β}^{ω}）使用 4 类基本度量（FN、TN、FP 和 TP）来计算精度（Precision）、召回率（Recall）和 FPR。由于这些基本度量都是以逐像素的方式计算的，因此得到的基本度量（FN、TN、FP 和 TP）不能完全捕捉到预测显著图的结构信息。而很多应用通常需要预测具有精细的结构细节的显著图。因此，评价指标对前景显著图中的结构敏感是有好处的。不幸的是，上述指标（AP、AUC 和 F_{β}^{ω}）未能达到预期。

图 2.2a 展示了一个典型的例子，图中包含两种不同类型

的前景显著图。在 SM1 中，一个黑色的方块落在数字的内部，而 SM2 中黑色方块触及边界。用户调研结果表明，SM2 比 SM1 更受青睐，因为 SM1 更严重地破坏了前景显著图，但是，在目前的评价指标中两者结果一样，这似乎与常识相矛盾。

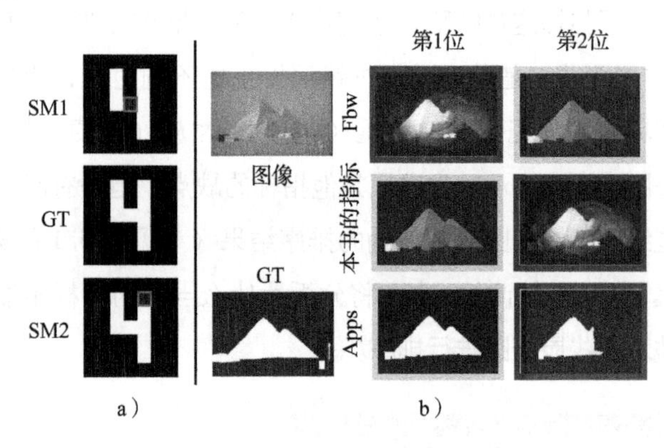

图 2.2　结构相似性度量

注：在 a）中，两个不同的前景图 SM1 和 SM2 得到相同的 FN、TN、FP 和 TP 分数。在 b）中，两个显著图分别由两个显著性模型 DSR[105] 和 ST[106] 产生。根据应用程序的排序和本书的用户调研，浅灰色边框的显著图是最好的，其次是深灰色边框的显著图。但是由于 F_{β}^{ω} 没有考虑结构相似性，因此得到的排序结果与应用程序排序结果不同。本书的指标（第 2 行）正确地将浅灰色边框的显著图排名靠前。

图 2.2b 展示了一个更实际的例子。浅灰色边框显著图比深灰色边框显著图能更好地捕捉到金字塔，因为深灰色边框的显著图模糊不清，主要突出了金字塔的顶部而忽略了其余部分。从应用的角度（第 3 行，SalCut 输出的显著图；

第 2 行，根据本书的指标排序）来看，浅灰色边框的显著图提供了金字塔的完整形状。因此，如果评价指标不能捕捉到物体的结构信息，它就不能为应用场景中的模型选择提供可靠的信息。

2.4 二进制显著性物体检测评价指标

表 2.4 列出了当前常用的二值前景图评价指标的优缺点。接下来将详细分析这些指标。

表 2.4 当前评价指标优缺点总结

编号	指标	年份	发表	优点	缺点
1	IOU/F1/JI[107]	1901	BSVSN	易于计算	图像级别的统计信息缺失
2	CM[108]	2010	CVPRW	同时考虑了区域和轮廓	对噪声敏感
3	F_β^ω[27]	2014	CVPR	为不同的错误分配权重	对错误发生的位置敏感，计算复杂
4	VQ[109]	2015	*TIP*	用心理学函数对错误加权	是一个主观评价指标
5	S-measure[65]	2017	ICCV	考虑了结构相似性	聚焦于非二值图的特点

F_β-measure[5,33,110] 是一个常用的评价指标，它同时考虑了召回率（Recall）和精度（Precision）。

另一个广泛使用的基于 $F1$ 的评价指标是 JI[107]，也称为

IOU 评价指标：

$$\mathrm{JI}=\mathrm{IOU}=\frac{\mathrm{TP}}{\mathrm{TP}+\mathrm{FN}+\mathrm{FP}} \tag{2.5}$$

$F1$ 和 IOU 的关系为：

$$\mathrm{JI}=\frac{F1}{2-F1} \tag{2.6}$$

Shi 等人[109] 提出了另一种主观的物体分割评价指标。他们的评测标准基本上也基于 $F1$ 评价指标。Margolin 等人[27] 提出了一种称为加权 F_β(F_β^ω) 的复杂评价指标，该指标根据错误的位置来赋予显著图不同的权重。

上述所有的指标都与 F_β 密切相关，他们通过独立地考虑每个像素位置来进行评测，忽略了重要的图像级别的信息，这会导致在识别不同形状（图 2.3）、噪声图（图 6.1）和结构错误（图 6.2）方面表现得很糟糕。

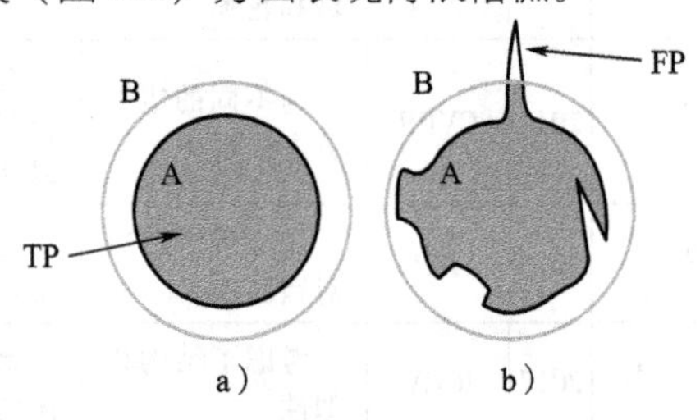

图 2.3 基于区域的评价指标的局限性

注：浅灰色圆圈表示 GT，深灰色曲线表示 FM。使用 IOU[104] 和 F1/JI[107] 评价指标的结果为，a）和 b）的评价结果一样好，即便 b）的检测结果包含了很多尖峰、晃动和形状差异[108]。

Movahedi 等人[108] 提出了轮廓映射（CM）评价指标。然而，这种评价指标对噪声敏感（见图 6. 1），特别是在使用下文所述的元度量 3（见 6. 3. 5 节和表 6. 1）时性能不佳。文献［65］提出的称为 S-measure 的评价指标，侧重于非二值前景图（FM）评估。它在 2×2 的网格上考虑了区域级结构相似性和对象级属性（例如均匀度和对比度）。但是，这些属性不适用于二值映射图的评价。

第 3 章

富上下文环境下的显著性物体检测数据集与评测

本章主要研究富上下文环境下的显著性物体检测数据集问题。3. 1 节介绍背景知识、研究动机及解决方案概要；3. 2 节介绍构建的开放环境下的显著性物体检测数据集；3. 3 节给出评测结果和结果分析；3. 4 节对本章进行小结。

3.1 引言

3.1.1 背景知识

在引入**显著性物体检测**这个概念之前，先要简单介绍一下人眼与生俱来的一个重要机制——视觉注意力机制。人类经过漫长的进化，其视觉系统形成了一种能够对外界信息进行选择性处理的功能。简而言之，人类面对场景时会将视觉注意力分配给那些更加重要的区域，而有选择地忽略其他区域[1-2]。早期研究阶段，不同学者为重要区域赋予了各种名词，如感兴趣区域（region of interest）、重要性区域（important region）和显著性区域（saliency region）。对于静态图像来说，没有给观察者特定暗示但能引起观察者注意的刺激方式称为被动注意，它具有“自底向上、数据驱动、任务无关”的特性。而对于带任务的刺激信号，比如暗示受试者搜索场景中某些特定对象，这种情况称为主动注意，它具有“自顶向下、目标驱动、任务相关、慢速”的特点。

从 1998 年美国加州理工大学的 Laurent Itti 等人[3] 提出第一个基于生物启发的模型到 2019 年南开大学 Zhao 等人[4] 提出最新的基于深度学习技术的检测模型，显著性物体检测有了长足的发展。早期阶段（1998—2012 年）的工作经常被称为显著性检测，这一阶段工作的特点是集中于视点预测（fixation prediction），旨在利用计算机模型预测出与人眼注视点相一致的区域。2012 年，Cheng 等人[5] 提出的全局显著性物体检测模型改变了传统视点预测的方向，该工作旨在定位并分割出显著的对象而不是区域。理由是，在现实世界中，人们经常需要对图像进行编辑，此时，以对象的方式来处理图像中的元素将更加自然且高效。此后，显著性物体检测（salient object detection）与显著性检测（fixation detection）齐头并进。随着深度学习技术的兴起，这一领域也从传统的启发式模型逐渐转变到以深度学习为主流的模型。1998—2015 年出现了众多传统模型，模型性能的评估可以参考

Borji 等人的评测工作[6]。在静态图像上利用深度学习进行显著性物体检测始于 2015 年大连理工大学的 Wang 等人的工作[8]。从 2015 年至今，基于深度学习的显著性物体检测模型的详细评测可以参考南开大学 Fan 等人的最大规模评测工作[9]。

3.1.2 研究动机

本章的工作主要受到两个观察的启发。首先，现有的显著性物体检测（SOD）数据集[5,33,35-40,111-112]在数据收集过程或数据质量方面存在缺陷。具体而言，大多数数据集假设图像至少包含一个显著物体，因此它们丢弃了不包含显著物体的图像，我们称为**数据选择偏见**。此外，现有数据集主要包含具有单个物体的图像或简单环境中的多个物体（而且通常以人为主）。这些数据集不能充分反映现实场景的复杂性，因为现实世界的场景经常是杂乱的，包含多个物体。这就导致在现有数据集上训练的、表现最佳的模型几乎达到了饱和的性能（例如在大多数数据集上，模型性能 F-measure > 0.9），但它们在现实场景中的表现却无法令人满意（例如表 3.1 中 F-measure < 0.45）。这是因为在之前数据集上训练出来的模型更加偏向较为理想的场景，所以当它们应用于现实世界中的场景时，其有效性可能会受到极大削弱。为了解决该问题，有必要构建更接近实际条件的数据集。

其次，在当前的数据集上只能分析模型的整体性能，这些数据集都缺乏反映现实场景中所面临挑战的各种属性。因此，引入这些属性有助于①更深入地了解 SOD 问题，②研究 SOD 模型的优缺点，③从不同的角度客观地评价模型的性能，对不同的应用场景，其评价结果可能是不同的。

3.1.3 解决方案概要

针对上述两个问题，作者做了两个贡献。第一个贡献是构建了一个新的高质量的 SOD 数据集，将其命名为 SOC (Salient Objects in Clutter)。迄今为止，SOC 是最大的实例级 SOD 数据集，它包含来自 80 多个常见类别的 6 000 张图像。它与现有数据集的不同之处在于 3 个方面：①显著物体具有类别注释，可用于诸如弱监督 SOD 任务之类的新型研究；②包含非显著图像，使该数据集更接近真实世界场景，并且比现有数据集更具挑战性；③显著物体具有反映真实世界中面临的特定情况的属性，例如运动造成的模糊、遮挡和杂乱的背景。因此，SOC 数据集缩小了现有数据集与现实世界场景之间的差异，并提供了更合理的基准测试（如图 3.1 所示）。

此外，本章针对几种最先进的卷积神经网络（CNN）模型进行了综合评估[8,40,48-58]。为了评估模型性能，作者引入了 3 个评估指标来度量检测结果的区域相似性、分割的像素精度以及结果的结构相似性。此外，作者还提供了基于属性的性能评估。这些属性使得更深入地理解模型成为可能并且进

图 3.1　SOC 数据集中的样本图像包括非显著物体图像（第 1 行）**和显著物体图像**（第 2~4 行）（见彩插）

注：对于显著物体图像，作者提供了实例级真值图（不同颜色表示不同实例）、物体属性和类别标签。

一步指出了具有潜力的研究方向。作者相信，该数据集和基准测试会对未来的 SOD 研究，特别是对于面向应用的模型开发产生非常大的影响。完整的数据集和分析工具详见作者主页（https://dengpingfan.github.io/）。

3.2　SOC 数据集

本节将介绍本书构建的旨在反映真实世界场景的、具有挑战性的 SOC 数据集。来自 SOC 的样例图像如图 3.1 所示。此外，关于 SOC 的类别和属性的统计信息分别如图 3.5 和图 3.7 所示。基于对现有数据集优缺点的分析，作者明确了全面和平衡的数据集应该满足七个重要方面。

3.2.1 存在非显著物体

几乎所有现有的 SOD 数据集都假设图像至少包含一个显著物体并丢弃了不包含显著物体的图像。但是，这种假设是导致**数据选择偏见**的过于理想化的设定。在真实场景的设定中，图像并不总是包含显著物体。一些背景图像中无特定形状的物体，如天空、草地和纹理等根本不包含显著的物体[113]。非显著物体或背景“元素”可能占据整个场景，因此严重限制了显著物体的可能位置。Xia 等人[41] 通过判断什么是显著物体和什么不是显著物体，提出了先进的 SOD 模型，说明非显著物体对推理显著物体至关重要。这表明非显著物体应该和显著物体受到同等重视。包含一定数量的非显著物体图像会使得数据集更接近真实场景，同时也使得 SOD 任务变得更具挑战性。因此，作者将“非显著物体”定义为没有显著物体的图像或具有“元素”性质的图像。如文献［41，113］中所述，“元素”类别包括密集分布的相似物体、形状模糊的区域和没有语义的区域，分别如图 3.2a～图 3.2c 所示。

a）密集分布的相似物体

b）形状模糊的区域

c）没有语义的区域

图 3.2　一些非显著图像的示例（更多示例请见图 3.3）

基于非显著物体的定义，作者从 DTD[114] 数据集中收集了 783 张纹理图像。为了增强数据集的多样性，作者又从互联网和其他数据集中收集了 2 217 张图像，包括极光、天空、人群、商店和许多其他类型的真实场景[7,39,45,111]。相信纳入足够多的非显著物体会为未来的研究工作开辟一个有希望的方向。

3.2.2　图像的数量和类别

相当数量的图像对于捕捉现实世界场景的多样性和丰富性至关重要。此外，大量的数据可以让 SOD 模型避免过拟合并增强其泛化能力。为此，作者收集了来自 80 多个类别（典型的类别见图 3.4）的 6 000 张图像，其中包含 3 000 张带有显著物体的图像和 3 000 张没有显著物体的图像。作者将数据集分为训练集、验证集和测试集，比例为 6∶2∶2。为确保公平性，测试集通过网站提供在线测试⊖。图 3.5a 展示了每个类别的显著物体的数量。它表明“person（人物）”

⊖ https://github.com/DengPingFan/SODBenchmark。

类别占很大比例，这是合理的，因为人通常与其他对象一起出现在日常场景中。

图 3.3 SOC 数据集中不包含显著物体的图片示例

注：完整的数据集请查阅项目主页：https://github.com/DengPingFan/SODBenchmark。

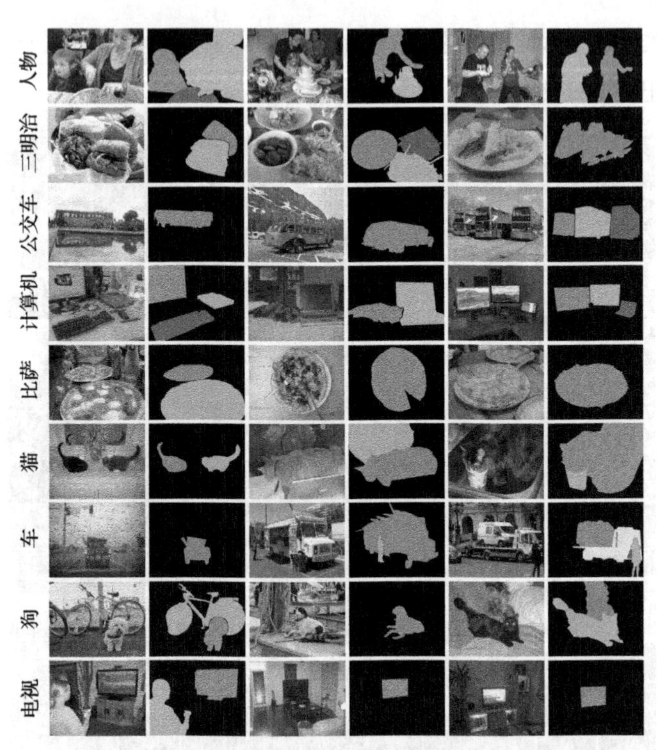

图 3.4　SOC 数据集中包含实例级显著对象的示例

注：完整的数据集请查阅项目主页：https://github.com/DengPingFan/SODBenchmark。

3.2.3　显著物体的全局/局部颜色对比

如文献［39］所述，术语“显著”与前景和背景的全局/局部对比度有关。因此，检查显著物体是否易于检测是非常重要的。首先，分别计算每个物体前景和背景的 RGB 颜色直方图。然后，利用 χ^2 距离来测量两个直方图之间的距离。全局和局部颜色对比度分布分别如图 3. 5b 和图 3. 5c 所示。与 ILSO 数据集相比，本书构建的 SOC 数据集包含了更多低全局颜色对比度和局部颜色对比度的物体。

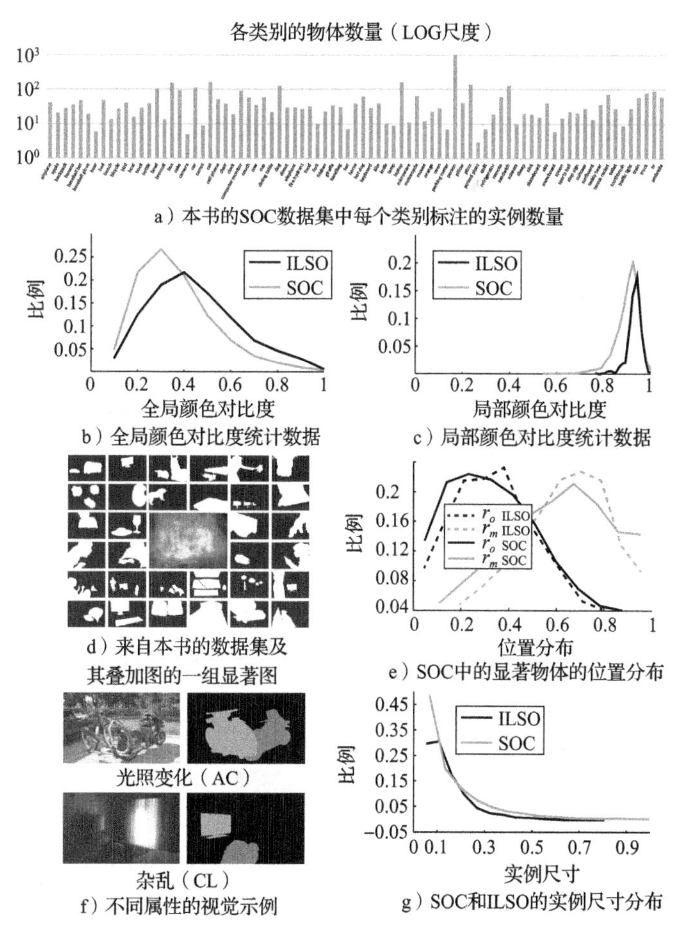

图 3. 5　SOC 数据集统计信息、属性示例以及真值图示例

3.2.4 显著物体的位置

中心偏见被认为是显著性检测数据集中影响最大的偏见之一[6,11,39]。图 3.5d 展示出了一组图像及其叠加图。可以看出，虽然显著的物体位于不同的位置，但是叠加图仍然表明这组图像是存在中心偏见的。以前的基准测试通常采用这种不准确的方式来分析显著物体的位置分布。为了避免这种误导现象，作者绘制了图 3.5e 中两个量 r_o 和 r_m 的统计情况，其中 r_o 和 r_m 分别表示物体中心和物体中最远（边缘）点离图像中心有多远。将 r_o 和 r_m 除以图像对角线长度的一半以进行归一化，使得 r_o，$r_m \in [0,1]$。从这些统计数据中可以观察到 SOC 数据集中的显著物体受中心偏见影响的情况。

3.2.5 显著物体的大小

每个显著物体实例的大小被定义为物体面积占图像总面积的比例[39]。如图 3.5g 所示，与仅有的实例级 ILSO 数据集[44] 相比，SOC 中显著物体的大小的变化范围更广泛。此外，SOC 包含了更多中等尺寸的物体。

3.2.6 高质量的显著对象标签

文献［55］的实验显示，模型在 ECSSD 数据集（具有 1 000 张图像）上训练会比在其他数据集（例如 MSRA10K，具有 10 000 张图像）上训练获得更好的泛化性能。这表明除了规模之外，数据集质量也是一个重要因素。为了获得大量高质量的图像，作者从 MSCOCO 数据集[45] 中随机选择图像，这是一个大型的真实世界数据集，其中的物体用多边形标注（例如粗略标注）。高质量标注在提高 SOD 模型的准确性方面也起着关键作用[34]。为此，作者使用逐像素的标注来重新标记数据集。类似于著名的 SOD 任务导向基准测试数据集[5,33-35,37,40-44,111]，本书没有使用眼动仪设备，而是采取了多个步骤来提供高质量的注释。这些步骤包括两个阶段：①要求 5 名观众使用标定框标记他们认为的每张图像中较为显著的物体；②保留大多数观众（≥3）在显著性上意见相同的物体（标定框的 IOU>0. 8）。在第一阶段之后，得到 3 000 张用标定框标注的显著物体图像；在第二阶段，根据标定框的提示进一步手工标记显著物体的逐像素轮廓。请注意，有 10 名志愿者参与了整个过程以交叉检查标注的质量。最后，作者保留了 3 000 张具有高质量的实例级标记显著物体的图像。如图 3. 6b 和图 3. 6d 所示，本书的物体边界的标注是精确、清晰和平滑的。在标注过程中，作者还添加了一些未在 MSCOCO 数据集中标记的新类别[45]（例如计算机显示器、帽子和枕头）。

3. 2. 7 具有属性的显著对象

数据集中图像的属性信息有助于研究者客观评估模型在不同类型的参数上的性能，它还允许对模型失败情况进行检

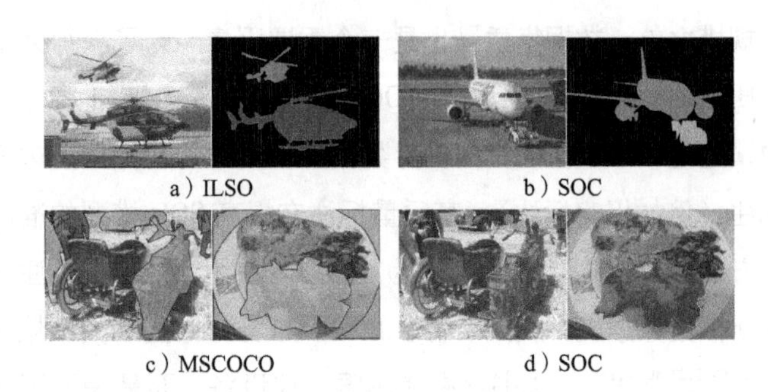

图 3.6 数据集标注质量对比（与最近提出的数据集的比较），本书的 SOC 数据集中的标注边界更平滑，质量更高

查。为此，作者定义了一组属性来表示在真实场景中面临的特定情况，例如运动模糊、遮挡和杂乱的背景（见后文表 3.2 中的总结）。因为这些属性不是独占的，所以一张图像可以使用多个属性进行标注。

受文献［31］的启发，图 3.7 左展示了数据集图片属性的分布情况。SO 类型具有最大比例是因为精确的实例级（例如图 2.1 中的网球拍）的标注。因为现实世界的场景由不同视觉特色的材料组成，所以 HO 类型占很大比例。MB 类型在视频帧中比静态图像更常见，但有时也会出现在静态图像中。因此，MB 类型在本书的数据集中占比相对较小。由于真实图像通常包含多个属性，因此作者根据出现的频率展示了属性之间的主要依赖关系（如图 3.7b 所示）。例如，包含许多异构物体的场景可能具有大量彼此阻挡并形成复杂空间结构的物体。因此，HO 类型与 OC 类型、OV 类型和 SO

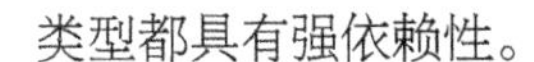

类型都具有强依赖性。

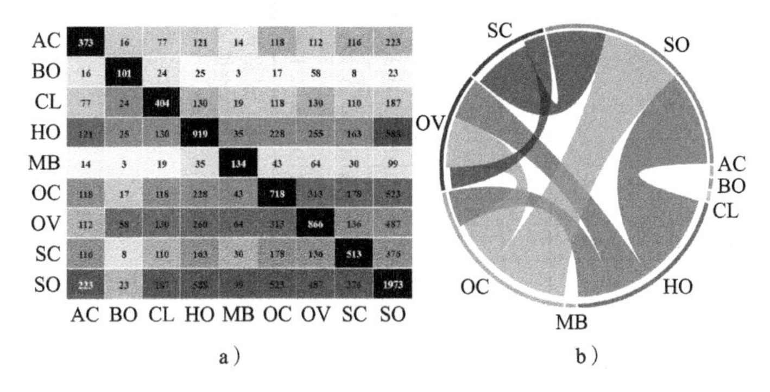

图 3.7 属性分布与依赖关系 a) SOC 数据集中显著图像的属性分布，网格中的每个数字表示图像的出现次数。b) 基于出现频率绘制的属性之间的主要依赖关系，属性之间依赖度越高则宽度越大

3.3 基于深度学习的显著性检测模型评测结果

本节中，作者在 SOC 数据集上呈现了 16 个 SOD 模型的评估结果。几乎对所有基于卷积神经网络的代表性 SOD 模型都进行了评估。但是，由于某些模型的代码不公开，因此对此类模型不予考虑。此外，大多数模型都没有针对非显著物体检测进行优化。为了公平起见，作者只使用 SOC 数据集的测试集来评估 SOD 模型。本书在 3.3.1 节中描述了评估指标。SOC 数据集的整体模型性能见 3.3.2 节和表 3.1，而针对各个属性的性能评估结果（例如光照变化属性上的性能

表 3.1　三种指标下 SOD 模型的性能

指标	单任务													多任务		
	LEGS [8]	MC [48]	MDF [40]	DCL [49]	AMU [49]	RFCN [52]	DHS [51]	ELD [50]	DISC [53]	IMC [54]	UCF [58]	DSS [55]	NLDF [56]	DS [59]	WSS [42]	MSR [44]
$F_{all}\uparrow$	0.276	0.291	0.307	0.339	0.341	**0.435**	0.360	0.317	0.288	0.352	0.333	0.341	0.352	0.347	0.327	**0.380**
$S_{all}\uparrow$	0.677	0.757	0.736	0.771	0.737	0.814	0.804	0.776	0.737	0.664	0.657	0.807	**0.818**	0.779	0.785	**0.819**
$\varepsilon_{all}\downarrow$	0.230	0.138	0.150	0.157	0.185	0.113	0.118	0.135	0.173	0.269	0.282	0.111	**0.104**	0.155	0.133	0.113

注：F 代表区域相似性，ε 是平均绝对误差，S 是结构相似性。↑代表数字越高越好，反之亦然。根据式（3.3）在 SOC 数据集上通过计算得出评估结果。S_{all}、F_{all}、ε_{all} 分别表示用 S、F、ε 指标来表示的整体性能表现。加粗表示最好成绩。

表现）见 3.3.3 节和表 3.3。作者公开了评估脚本并且在网站上提供了在线评估。

3.3.1 评估指标

在强监督评估框架中，给定由 SOD 模型生成的预测图 M 及人工标注 G，研究者寄希望于通过评估指标预测出究竟哪一种模型能够生成最佳结果。本书在 SOC 数据集上使用 3 种不同的评估指标来评估 SOD 模型。

逐像素精度 ε。区域相似性评估方法忽略了背景中的显著性分布。作为补充，作者采用 M 和 G 之间的归一化（[0, 1]）后的平均绝对误差（MAE）作为指标，其定义为：

$$\varepsilon = \frac{1}{W \times H}\sum_{x=1}^{W}\sum_{y=1}^{H}\| M(x,y) - G(x,y) \| \tag{3.1}$$

其中 W 和 H 分别是图像的宽度和高度。

区域相似性 F。为了测量两张图片各区域相匹配的程度，作者使用 F-measure，该方法定义如下：

$$F = \frac{(1+\beta^2)\text{Precision}\times\text{Recall}}{\beta^2\text{Precision}+\text{Recall}} \tag{3.2}$$

其中 $\beta^2 = 0.3$ 由文献［34］提出并用于平衡召回率和精度。然而，在计算召回率和精度时，F-measure 并没有考虑到手工标注值全为 0 的特殊情况，因此，不同的前景图会得到相同的结果（0），而这显然是不合理的。从而可以得出结论，

F-measure 不适合评估非显著物体检测的结果。

综上，ε 和 F 这两个指标都是基于逐像素的计算方式，因此经常忽略结构相似性。行为视觉研究表明人类视觉系统对场景结构非常敏感[65]，在许多应用场景中都对能够保留物体结构的显著性检测模型较为青睐。

结构相似性 S。Fan 等人[65] 提出的 S-measure 同时考虑局部区域（region）和全局对象（object）两个层次上的相似性来评估检测结果的结构相似性。因此，作者也使用 S-measure 来评估 M 和 G 之间的结构相似性。需要特别注意的是，接下来整体性能表现的评估和分析都是基于 S-measure 进行的。

3.3.2 指标统计

为了获得整体结果，作者对评估指标的分数取平均值。设 $\eta \in \{F, \varepsilon, S\}$，其公式为：

$$M_{\eta}(D) = \frac{1}{|D|} \sum_{I \in D} \overline{\eta}(I_i) \tag{3.3}$$

其中 $\overline{\eta}(I_i)$ 是模型在图像数据集 D 中图像 I_i 上的评估得分。

单任务：对于单任务模型，在整个 SOC 数据集上性能表现（表 3.1 中的 S_{all}）最佳的模型是 NLDF[56]（$M_S = 0.818$），其次是 RFCN[52]（$M_S = 0.814$）。MDF[40] 和 AMU[57] 使用边缘线索来提升显著图提取的准确度但却未能达到理想的目标。为了使用图像的局部区域信息，MC[48]、MDF[40]、ELD[50]

和 DISC[53] 尝试使用超像素方法将图像分割成数个区域，然后从这些区域中提取特征，但这是较为复杂而耗时的。为了进一步提高性能，UCF[58]、DSS[55]、NLDF[56] 和 AMU[57] 利用全卷积网络来改善 SOD 模型的性能（表 3.3 中的 S_{sal}）。其他一些方法诸如 DCL[49] 和 IMC[54] 则尝试将超像素与全卷积网络结合起来构建一个强大的模型。此外，RFCN[52] 将包括边缘和超像素的两个相关线索组合到全卷积网络中，进而在整个数据集上获得了良好的性能（$M_F = 0.435$，$M_S = 0.814$）。

多任务：与上述模型不同，MSR[44] 使用三个密切相关的步骤去检测实例级显著物体——估计显著图、检测显著物体轮廓以及识别显著物体的实例。它创建了一个多尺度显著性检测网络，可以实现最高性能（S_{all}）。其他两个多任务模型 DS[59] 和 WSS[42] 同时利用分割和分类结果生成显著图从而获得适度的性能提升。值得一提的是，尽管 WSS 是一种弱监督的多任务模型，但它仍然可以获得与其他全监督的单任务模型相当的性能。因此，基于弱监督和多任务的模型可能是未来的研究方向。

3.3.3 基于属性的评估

如表 3.2 所示，作者为显著图像分配了属性。每个属性代表在现实世界场景的显著性检测中存在的挑战性问题。这些属性可区分出具有主导性特征（例如杂乱属性的存在）的图像集合，它们对于解释 SOD 模型的性能以及将 SOD 与面向应用的任务相关联均是非常重要的。例如，Sketch2photo 应用[115] 青睐在大物体上具有良好性能的模型，而这可以通过基于属性的性能评估方法来辨别。

表 3.2 显著物体图像的属性列表和相应描述

属性名称	属性描述
AC	**光照变化**：物体区域中出现了明显的光照变化
BO	**大物体**：物体面积和图像面积的比值大于 0.5
CL	**杂乱**：物体周围的前景和背景区域具有相似的颜色，将全局颜色对比度值大于 0.2、局部颜色对比度值小于 0.9 的图像标记为杂乱图像
HO	**异构物体**：由视觉上独特/不相似的部分组成的物体
MB	**运动模糊**：由于相机或运动的抖动，物体具有模糊的边界
OC	**遮挡**：物体被部分或全部遮挡
OV	**超出视野**：物体的部分区域超出了图像边界
SC	**形状复杂性**：物体有纤细组件之类的复杂边界，比如动物的脚
SO	**小物体**：物体面积和图像面积的比值小于 0.1

注：通过观察现有数据集的特征，作者总结了这些属性。一些视觉示例可以在图 3.1 和图 3.8 中找到。更多示例，请参阅作者主页。

结果：在表 3.3 中，本书展示了各种 SOD 模型在特定属性表征的数据子集上的性能。接下来，作者选择一些代表性属性进行进一步分析。

大物体（BO）：当物体与相机距离很近时，经常会出现大物体场景，因此在图片中可以清楚地看到微小的文字或图

表 3.3 在 SOC 显著性物体子数据集上基于属性的性能表现

属性	单任务													多任务		
	LEGS [8]	MC [48]	MDF [40]	DCL [49]	AMU [49]	RFCN [52]	DHS [51]	ELD [50]	DISC [53]	IMC [54]	UCF [58]	DSS [55]	NLDF [56]	DS [59]	WSS [42]	MSR [44]
S_{sal}	0.607	0.619	0.610	0.705	0.705	0.709	**0.728**	0.664	0.629	0.679	0.678	0.698	0.714	0.719	0.676	**0.748**
AC	0.625	0.631	0.614	0.734	0.736	0.744	**0.745**	0.673	0.644	0.702	0.714	0.726	0.737	0.764	0.691	**0.789**
BO	0.509	0.490	0.461^{-}	0.610	0.569	0.540	0.590	0.576	0.517	$\mathbf{0.701}^{+}$	0.636	0.496^{-}	0.568	0.685	0.566	0.667
CL	0.620	0.635	0.566	0.699	0.708	0.714	**0.743**	0.658	0.635	0.696	0.704	0.677^{-}	0.713	0.729	0.678	**0.756**
HO	0.666	0.666	0.648	0.745	0.755	0.759	**0.766**	0.706	0.681	0.715	0.744	0.748	0.755	0.756	0.707	**0.777**
MB	0.543^{-}	0.603	0.615	0.693	0.706	0.715	**0.722**	0.639	0.600	0.689	0.682	0.695	0.685	0.711	0.641	**0.757**
OC	0.609	0.617	0.608	0.708^{+}	$\mathbf{0.725}^{+}$	0.711	0.716	0.658	0.630	0.672	0.701^{+}	0.689	0.709	0.725^{+}	0.672	**0.740**
OV	0.548	0.584	0.568	0.699	$\mathbf{0.708}^{+}$	0.687	0.706	0.637	0.573	0.693^{+}	0.685^{+}	0.665	0.688	0.722^{+}	0.624	**0.743**
SC	0.608	0.620	0.669^{+}	0.738	0.731	0.735	**0.763**	0.688	0.653	0.690	0.722^{+}	0.746^{+}	0.745	0.724	0.677	**0.773**
SO	0.573^{-}	0.601	0.621	0.691	0.685	0.698	**0.713**	0.644	0.614	0.648^{-}	0.650	0.696^{-}	0.703	0.696	0.659	**0.730**

注：对于每一个模型，其分数对应于在特定属性的所有测试图像上的结构相似性 M_S（见 3.3.1 节）的平均值，分数越高，性能表现越好，加粗表示最高成绩，平均显著物体检测性能 S_{sal} 在第 1 行通过结构相似性 S 呈现，+和−分别表示与平均值相比之下的性能增加和减少。

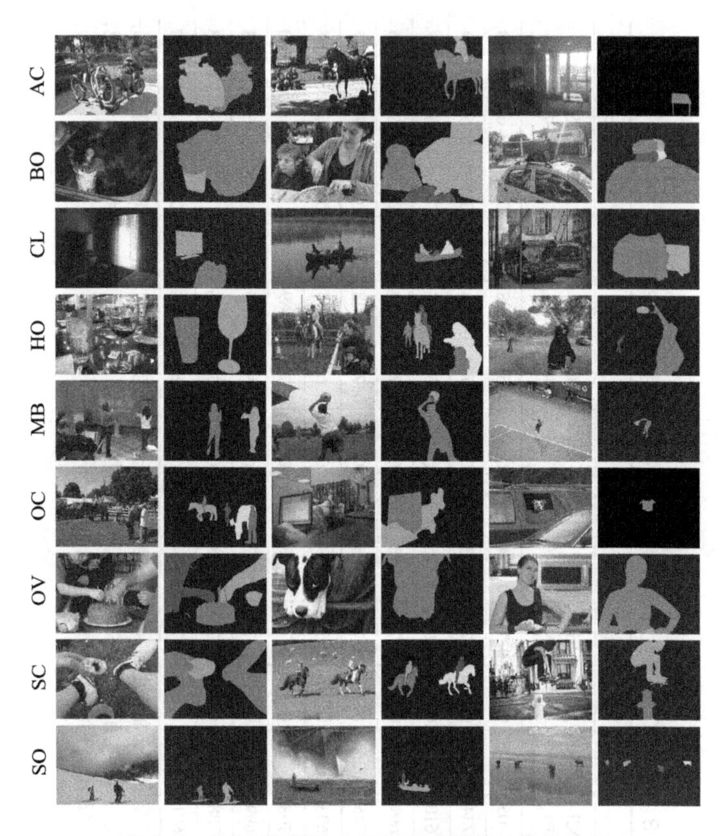

图 3.8　SOC 数据集中标注不同属性的图片示例
（完整的数据集见作者主页）

案。然而在这种情况下，倾向于关注局部信息的模型将被严重误导，导致较大的性能损失（例如，DSS[55] 损失了28.9%的性能，MC[48] 损失了20.8%的性能以及 RFCN[52] 损失了23.8%的性能）。然而，IMC[54] 模型的性能表现略微上升了3.2%。在深入了解该模型的流程后，作者得出了一个可能的解释，即IMC使用粗略预测图来表达语义，并利用过度分割的图像来补充结构信息，从而在BO类型的图像上获得了令人满意的结果。但是，过度分割的图像无法弥补缺失的细节，因此会导致此类模型在SO类型的图像上的性能下降4.6%。

小物体（SO）：对于所有SOD模型来说，识别SO类型的图像是一个较为棘手的问题。在此类图像上，所有模型都遇到了性能下降（例如，DSS[55]的性能下降了0.3%，LEGS[8]的性能下降了5.6%），因为在卷积神经网络的下采样期间很容易忽视小物体。DSS[55]是唯一一个在SO类型图像上性能仅略微下降的模型，而它在BO类型图像上的性能损失最大（28.9%）。MDF[40]使用多尺度超像素图像作为网络的输入，它能够很好地保留小物体的细节。然而，由于超像素的大小有限，MDF仍无法有效地感知全局语义，导致其在BO类型图像上出现大的识别失败概率。

遮挡（OC）：在遮挡场景中，物体被部分遮挡。因此，SOD模型需要捕获全局语义以弥补不完整的物体信息。为此，DS[59]和AMU[57]利用下采样过程中的多尺度特征生成融合显著图，UCF[58]提出了一种模糊的学习机制来学习不确定的卷积特征。所有这些方法都试图获得包含全局和局部特征的显著图。不出所料，这些方法在OC类型的图像上取得了相当不错的效果。基于上述分析，作者还发现这三个模型在需要更多语义信息的场景上的性能表现非常好，如 AC、OV 和 CL 类型。

异构物体（HO）：该类型场景在现实生活中很常见。在 HO 类型的图像上，不同模型的性能分别比其在总数据集上的平均性能有所提升，基本在 3.9%~9.7%之间波动。作者认为这是因为 HO 类型在数据集中占据较大的比例，从而使得 SOD 模型过拟合这种类型。图 3.7 中的统计结果在一定程度上符合这样的结论。

3.4 讨论和结论

据作者所知，这项工作是目前最大规模的、针对卷积神经网络的显著性物体检测模型的性能评估方案。作者的分析指出了现有 SOD 数据集中存在严重的**数据选择偏见**，这种设计偏见使得最先进的 SOD 算法在现有数据集上几乎达到了饱和的性能。然而，在真实场景中，其效果仍远不能令人满意。基于本书的分析，作者确定了全面和平衡的数据集应该满足的 7 个重要方面。作者首先构建了高质量的 SOD 数据集 SOC，它包含来自日常生活的、自然环境中的、更接近真实环境的显著物体图像。SOC 数据集将随着时间的推移不断发展和增长，并将在多个方向上拓宽研究的可行性，例如显著物体的感数[116]、实例级显著性物体检测[44]、基于弱监督的显著对象检测[42] 等。其次，为了更深入地了解 SOD 问题，作者研究了 SOD 算法的优缺点，并在不同的观点和要求下客观地评估模型性能，作者还提出了一组属性（例如外观变化）。最后，作者在 SOC 数据集上对现有 SOD 模型进行了基于属性的性能评估，评估的结果为未来的模型开发和模型评测开辟了充满希望的新方向。

第 4 章

基于注意力转移机制的视频显著性物体检测

本章主要研究基于注意力转移机制的视频显著性物体检测。4.1 节中介绍背景知识、研究动机及解决方案概要；4.2 节介绍本章构建的视频显著性物体检测数据集；4.3 节介绍本章基于注意力转移机制的视频显著性物体检测模型；4.4 节给出评测结果和结果分析；4.5 节对本章进行小结。

4.1 引言

4.1.1 背景知识

显著性物体检测（SOD）旨在从静止图像或动态视频中提取最吸引注意力的物体。该任务源于认知研究中人类的视觉注意行为，即人类视觉系统（HVS）中的一项惊人能力——能够快速地将注意力转移到视觉场景中最具信息量的区域。早期的研究[39,117] 已经定量地证实了在这种显式的、对象级的显著性判断（对象显著性）和隐式的视觉注意力分配行为（视觉注意机制）之间存在高度的相关性。人在观察真实世界的过程中，视觉的动态性无处不在。因此，视频显著物体检测（VSOD）对于理解 HVS 的潜在机理非常重要且有助于现实中各种应用程序的发展。如视频分割[20]、视频字幕[118]、视频压缩[119,120]、自动驾驶[121] 和人机互动[122] 等。除了其学术价值和实际意义外，由于视频数据（各种运动模式、遮挡、模糊和物体形变等）自身的挑战以及人类在动态场景中视觉注意行为（选择性注意分配、注意转移[2,123,124]）固有的复杂性，都使得 VSOD 面临着巨大的困难。因此，这几年 VSOD 引起了广泛的研究兴趣[67,69,76,81,83,91,125]（见表 2.3）。

4.1.2 研究动机

如图 4.1 所示，这些年来，VSOD 建模发展迅速。然而，具有代表性的 VSOD 评测的构建仍然严重滞后，这与 VSOD 建模的蓬勃发展形成了鲜明的对比。据作者所知，DAVSOD 是当前国际上第一个最大规模的 VSOD 评测。虽然，以前有几个针对 VSOD 任务提出的数据集[25-26,28-32]，但存在以下缺陷：首先，人在动态浏览的过程中，注意力会随着视频内容的变化而有选择性地动态分配资源到不同的部分。但是，以前的数据集标注时并没有将**动态的人眼注视点数据**考虑在内，而是直接将视频拆分成离散的**静态帧**来标注，因此无法揭示人类在动态观察期间真实的注意行为。其次，它们的可扩展性、覆盖范围、多样性和难度通常受到限制。综上所述，现有数据集的这些限制抑制了 VSOD 评测的进一步发展。本书数据集与传统数据集的区别见图 4.2。

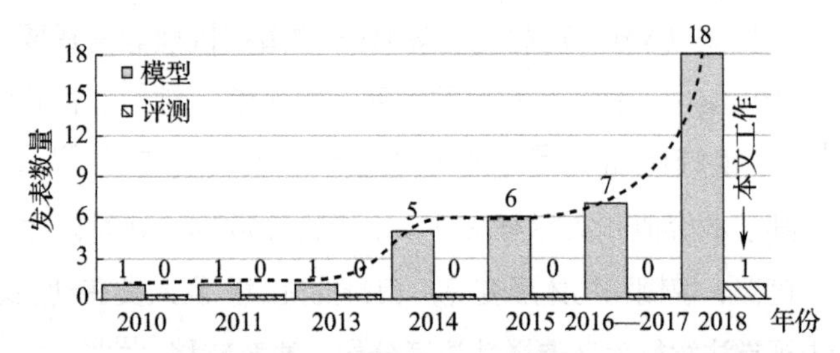

图 4.1　过去 9 年 VSOD 发表在 CVPR、ICCV、ECCV 以及 *IEEE Trans* 期刊的论文以及评测的数量

4.1.3　解决方案概要

针对上述问题，作者的两个贡献如下：首先，作者专门为 VSOD 任务构建了一个大规模的 Densely Annotated VSOD（稠密标注的视频显著对象检测，DAVSOD）数据集。

- 它包含 226 个视频序列，严格地根据真实的人类注视点记录（见图 4.3 和图 4.4）来标注。更重要的是，选择性注意和注意力转移这两个重要的动态注意特性都被考虑到了。在 DAVSOD 数据集中，显著对象可能会在不同时刻有所改变（见图 4.5），这更符合实际且需要对视频内容有更完全的理解，这样就构建了一个和视觉注意力相一致的 VSOD 数据集。

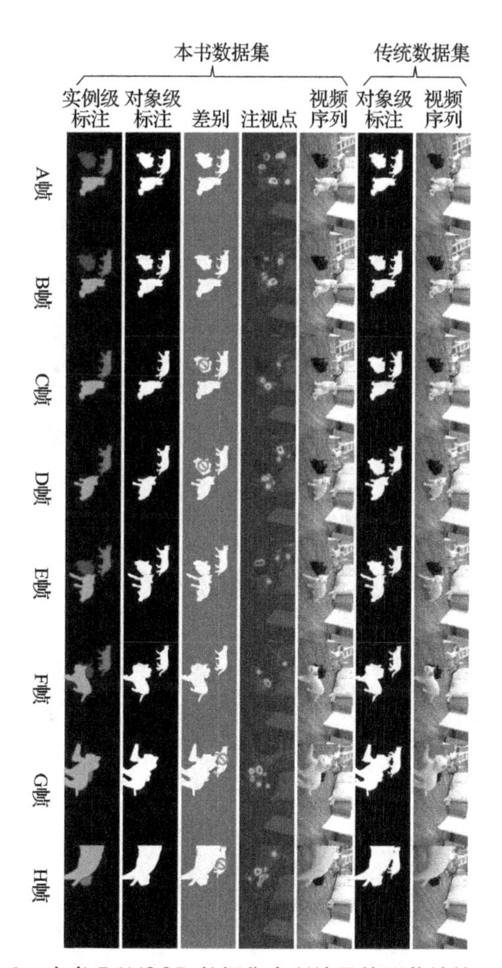

图 4.2 本书 DAVSOD 数据集中所涉及的显著性转移现象

注：传统数据集标注时先将动态的视频拆成静态帧，然后在这些帧上将所有可见的物体（第 2 行）都标注出来而没有借助人眼注视点的方式来标注。与传统数据集标注不同（第 5 行），本书所构建的数据集严格按照人眼注视点（第 4 行）的关注位置来确定显著物体，从而揭示了人类在动态浏览过程中的注意力转移现象。

- 视频序列通过精心筛选得以涵盖多样的场景/对象类别、运动模式并以逐帧、逐像素的方式精确地标注（约2.4万帧）。

图4.3　DAVSOD数据集中的视频示例，其结果由实例级用户标注的分割结果和注意视点图（左下角）叠加而成

- DAVSOD 的另一个特点是提供了对象和实例级标注以及简短的文字描述，这有利于促进各种潜在研究方向的发展，如实例级 VSOD、视频显著对象感数和基于显著性的视频字幕等。

图 4.4　DAVSOD 数据集中的视频示例，其结果由实例级用户标注的分割结果和注意视点图（左下角）叠加而成

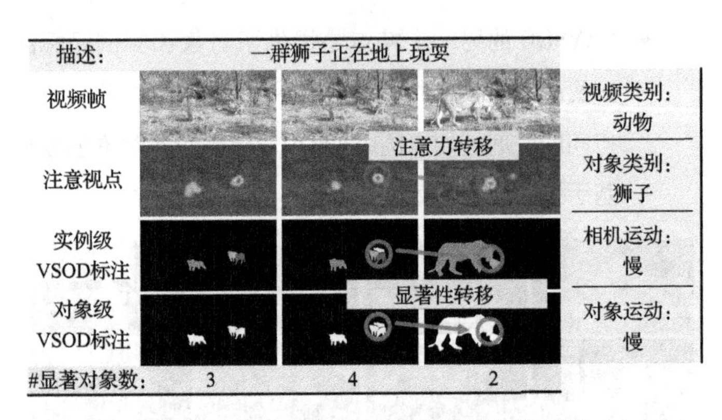

图 4.5 本书 DAVSOD 数据集的标注示例

注：数据集包含的丰富标注如显著性转移、对象/实例级标注、显著对象的数目、场景/对象类别以及相机/对象运动模式，为 VSOD 任务提供了坚实的基础并使得各种潜在应用受益。

其次，利用已建立的 DAVSOD 数据集和之前的 7 个 VSOD 数据集[25-26,28-32]，作者对 17 种最先进的模型[12,14,16-17,19-24,29-30,32,73-74,85,89]进行了全面的评测，使其成为最完整的 VSOD 评测。此外，作者还提出了一个名为 SSAV（Saliency-Shift-Aware VSOD）的基线模型。它使用显著性转移感知 convLSTM 模块来学习并预测视频显著性，该模块显式地模拟人类在动态场景中的视觉注意力转移行为。上述评测结果清楚地证明了 SSAV 模型的有效性。

本书的两个贡献组成了一个完整的评测平台，利用它可以更加深入地了解 VSOD 任务并促进更多的研究工作朝着这个方向发展。

4.2 DAVSOD 数据集

本节将详细阐述所提的 DAVSOD 数据集，它是专门为 VSOD 任务设计的。图 4.3 和图 4.4 展示了带标注的图像帧。详细的数据集见作者主页。本节将从以下 4 个关键方面来介绍 DAVSOD。

4.2.1 视频采集

DAVSOD 的视频序列源自 DHF1K[127]，DHF1K 是当前最大规模的动态眼动追踪数据集。使用 DHF1K 构建 DAVSOD 数据集有以下好处。DHF1K 是从 Youtube 上收集的，涵盖了各种现实场景、多种物体外观和运动模式、丰富的对象类别以及动态场景中大部分常见的挑战，这为本书构建大规模和具有代表性的评测提供了坚实的基础。更重要的是，DHF1K 所提供的视觉注视点能够得到更合理的、生物启发的对象级显著性标注。作者以手工的方式将视频分为小片段（图 4.6c），并删除那些带黑屏过渡的片段。通过这种方式，最终得到了一个大型数据集，它包含 226 个视频，共计 23 938 帧，时长为 798 秒。视频分辨率为 640×360 像素。

4.2.2 数据标注

显著性转移标注：在真实的动态场景中[2,123]，人类的注意力行为更加复杂，即选择性注意力分配和显式的注意力转

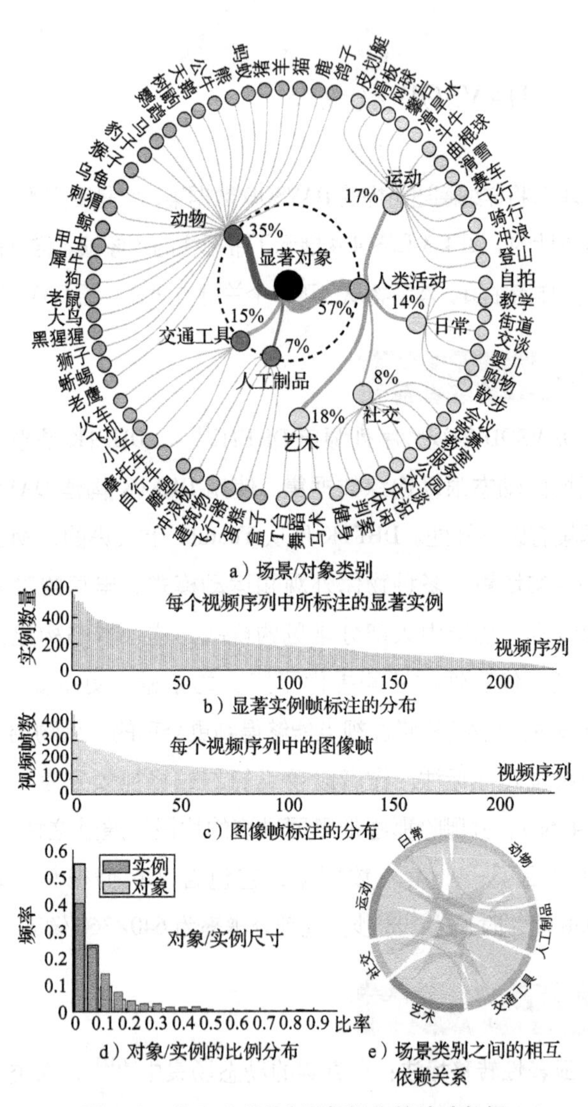

图 4.6　关于 DAVSOD 数据集的统计数据

移（由于突然的攻击、新的动态事件等）都可能发生。如图4.5所示，通过DHF1K的眼动追踪记录，作者观察到数据驱动的注意力转移普遍存在。然而，VSOD领域中之前的研究都没有明确强调这种基本的视觉注意行为。在DAVSOD中，本书根据真实的人类注视点来标注显著的对象，并且首次标注了发生注意力转移的时刻，强调了该领域中显著性转移这一更具挑战的任务。

场景和对象类别标注：与文献［127］一致，每个视频都手动标记一个类别（如，*动物*、*交通工具*、*人工制品*和*人类活动*）。人类活动有4个子类：*运动*、*日常*、*社交*以及*艺术活动*。对象类别和MSCOCO一致，只包含“事物”类别（而不是“东西”）。这样作者就建立了一个包含大约70个最常出现的场景/对象列表。图4.6a和图4.6e分别展示了场景/对象类别及其相互依赖性。其中整个对象标注过程有5个标注者参与。

实例/对象级显著物体标注：作者让20个标注者经过10个视频示例预训练后，从每个待标注的视频帧中选择出最多5个对象并细致地标注它们（用精确的边缘轮廓而不是粗糙的多边形）。高质量的标注例子见图4.7。标注者还被要求区分出不同的实例并且单独进行标注，如图4.8所示，不符合质量要求的标注会被舍弃或者重新标注，最终得到了23 938帧对象级显著性标注和39 498个实例级显著性标注。

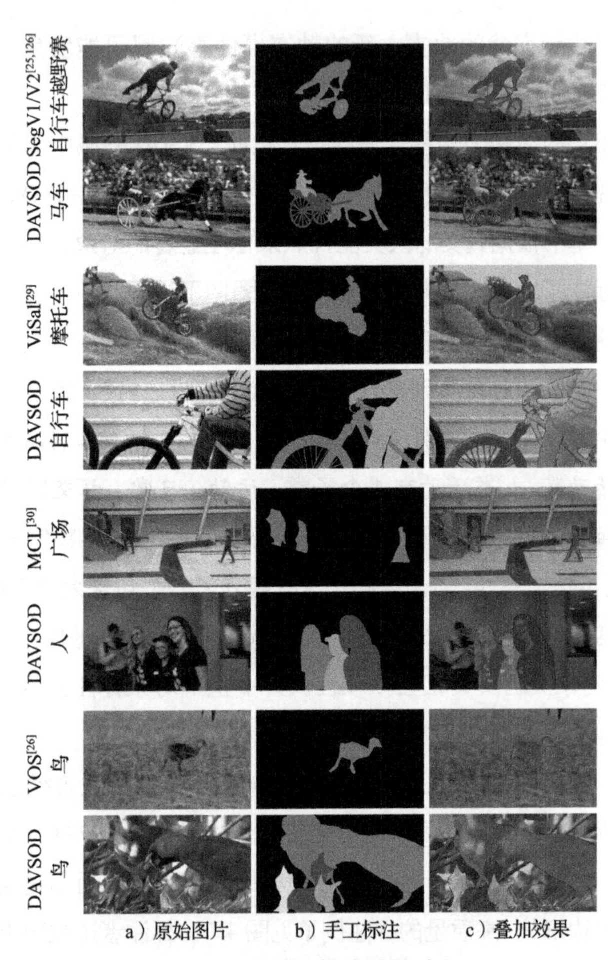

图 4.7　数据集标注质量对比

注：从图中可见，SegV1/V2 中的自行车越野赛视频序列、ViSal 中的摩托车视频序列、MCL 中的广场视频序列以及 VOS 中的鸟视频序列在标注时都或多或少引入了多边形的标注方式，这严重降低了标注质量。相反，本书的标注质量极高，如第 2 行和第 4 行，车轱辘的线条清晰可见。

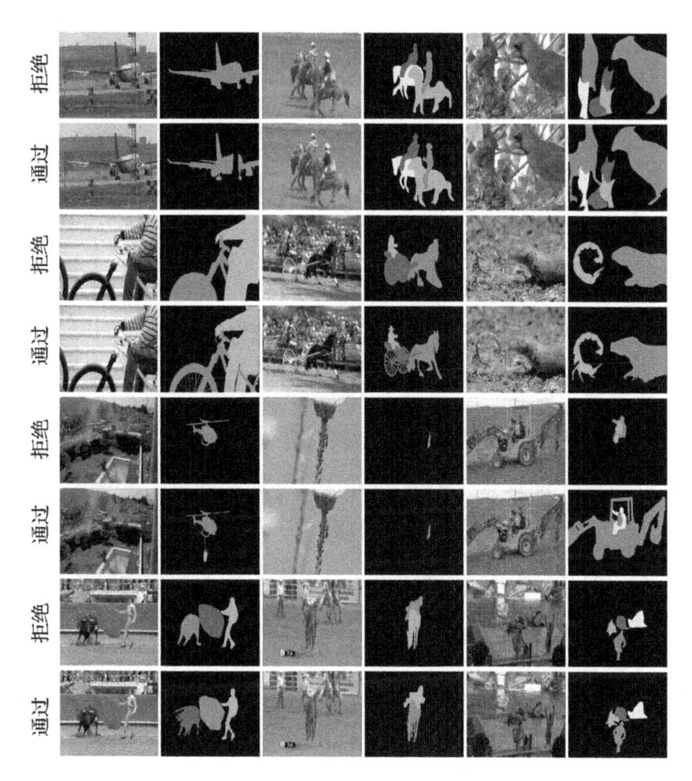

图 4. 8 DAVSOD 数据集验收阶段中，被拒绝和接受的例子

视频文本描述生成： 如图 4. 5 所示，作者让一位标注者在观看完整个视频序列之后给视频赋予一句简短的描述（不超过 15 个单词）来概括其主要内容。受试者在观看的同时，会提供相应的对象和视频标签以供参考。这样的标注将有利于各种潜在的应用，例如基于显著性的视频字幕。

4.2.3 数据集的特点与统计

为深入了解DAVSOD数据集，现介绍几项重要特征如下。

丰富多样的显著对象：DAVSOD中的显著对象涵盖了丰富的类别，包括动物（如狮子、大鸟）、车辆（如汽车、自行车）、人工制品（如盒子、建筑物）和各种形式的人类活动（如舞蹈、骑行），这使得全面理解动态场景下对象级显著性成为可能。

显著对象实例的数量：现有数据集局限于显著性对象实例的数量（通常是1~3个实例）。之前的研究[128]表明，人类可以一目了然地精确感知到多达5个物体而无须一个个地计数。因此，如表4.1所示，DAVSOD包含了更多的显著对象（每帧最多5个显著对象实例，平均大约1.65个）。图4.6b列出了每个视频中标注的实例数量分布。

表4.1 关于DAVSOD数据集中摄像机/对象运动和显著对象实例数量的统计信息

DAVSOD	相机运动		对象运动			实例级对象个数			
	慢	快	稳定	慢	快	1	2	3	≥4
视频数量	102	124	117	72	37	134	125	46	33

显著对象的尺寸：对象级显著对象的大小定义为前景对象像素与图像之间的比率。DAVSOD数据集中的显著对象尺寸为0.29%~91.3%（平均为11.5%），变化范围更广。（请参阅图4.6d）。

多样化的相机运动模式： DAVSOD 包含了不同的相机运动模式（见表 4.1）。在这样的数据集上训练的算法可以更好地处理真实的动态场景，因此更实用。

不同的对象运动模式： DAVSOD 继承了 DHF1K 的优势，囊括了各种各样（见表 4.1）真实的动态场景（如，对象运动模式从稳定到快速）。这对于避免过度拟合以及客观和准确地进行算法评测至关重要。

中心偏向： DAVSOD 和现有数据集[25-26,28-32] 的中心偏向如 4.9 所示。

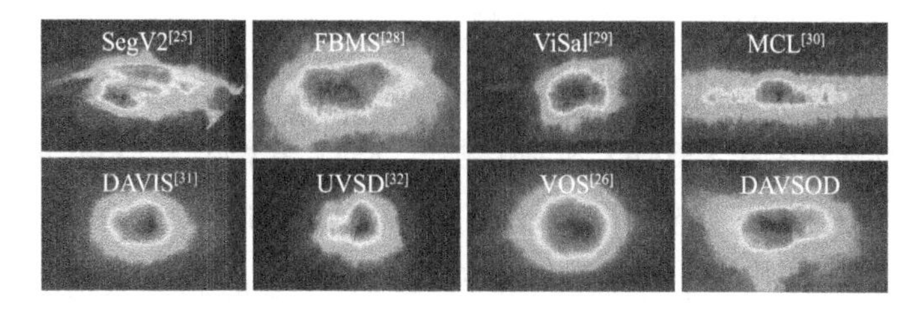

图 4.9　DAVSOD 和现有 VSOD 数据集的中心偏向

4.2.4　数据集划分

现有数据集没有保留测试集，这样很容易导致模型在数据集上过度拟合。因此，本书按照 4∶2∶4 的比例将视频分为训练、验证和测试集合。采用随机筛选的策略，本书得到了一个独特的划分结果，包含了 90 个训练集（9 558 帧）、46 个验证集（4 848 帧）视频以及 90 个测试视频（9 532

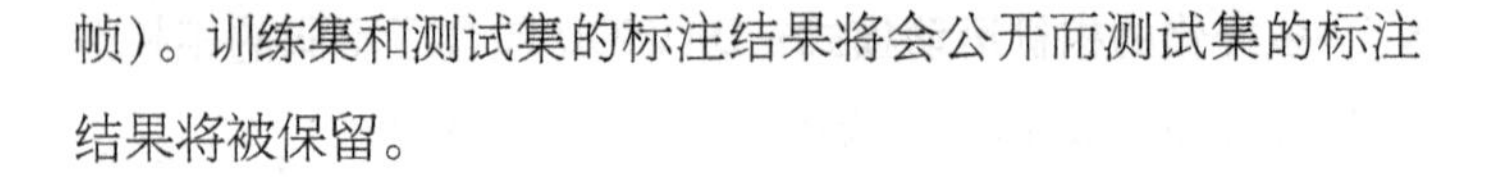

帧）。训练集和测试集的标注结果将会公开而测试集的标注结果将被保留。

4.3 SSAV 模型

4.3.1 基于显著性转移的视频显著性物体检测模型

模型概述：本书所提出的 SSAV 模型由两个基本模块构成，即金字塔扩张卷积模块（PDC）[89] 和显著性转移感知模块（SSLSTM）。前者用于鲁棒地学习静态显著性特征，后者将传统的长短时记忆卷积网络（convLSTM）[129] 与显著性转移感知注意（SSAA）机制相结合。SSAV 模型将经由 PDC 模块得到的静态特征序列作为输入，同时考虑时序变化和显著性转移从而得到 VSOD 结果。SSAV 模型的总体架构如图 4.10 所示。

金字塔扩张卷积（PDC）模块：最新语义分割和 VSOD 的研究表明[89,130]，由于多尺度信息的利用和空间细节的保留，平行叠加一组带有采样率的扩张卷积层可以获得更好的学习性能。因此作者使用 PDC 模块[89] 作为静态特征提取器。形式上，令 $\boldsymbol{Q} \in \mathbb{R}^{W\times H\times C}$ 表示输入帧 $\boldsymbol{I} \in \mathbb{R}^{W\times h\times 3}$ 的 3D 特征张量。扩张率为 $d>1$ 的扩张卷积层 $\mathcal{D}_d$ 可以作用到 $\boldsymbol{Q}$ 中，从而得到特征 $\boldsymbol{P} \in \mathbb{R}^{W\times H\times C'}$。该输出特征保持了原始空间分辨率，

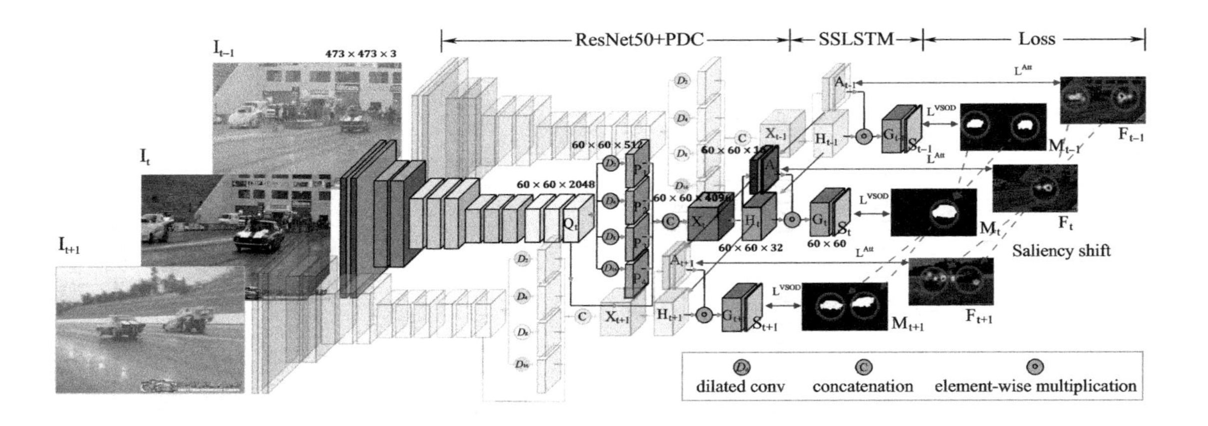

图 4.10　SSAV 模型的总体架构

注：SSAV 由两部分组成：金字塔扩张卷积（PDC）模块和显著性转移感知 convLSTM（SSLSTM）模块。前者用于有效地静态显著性学习，后者用于同时捕获时间动态和显著性转换。有关细节详见 6.2 节。图中符号说明：空洞卷积（dilatedconv）、连接操作（concatenation）、元素点乘（element-wise multiplication）。SSAV 模型的代码见作者主页：https://github.com/DengPingFan/DAVSOD。

同时获得了更大的感受野（采样步长为 d）。通过并行排列一组（K 个）不同扩张率 $\{d_k\}_{k=1}^{K}$ 的扩张卷积层 $\{\mathcal{D}_{d_k}\}_{k=1}^{K}$ 来组织 PDC 模块：

$$\boldsymbol{X}=[\boldsymbol{Q},\boldsymbol{P}_1,\cdots,\boldsymbol{P}_k,\cdots,\boldsymbol{P}_K] \tag{4.1}$$

其中，$\boldsymbol{X}\in\mathbb{R}^{W\times H\times(C+KC')}$，$\boldsymbol{P}_k=\mathcal{D}_{d_k}(\boldsymbol{Q})$．[.，.]代表连接操作。PDC 增强后的特征 $\boldsymbol{X}$ 为更强大的特征（利用多尺度信息）且保留了原始信息 $\boldsymbol{Q}$（通过残差连接）。

显著性物体转移感知 convLSTM（SSLSTM）：作者提出了一种显著性转移感知的 convLSTM[129]，它使得 convLSTM 具有显著性转移感知注意机制。它是一个强大的循环模型，不仅可以捕捉时序信息，还可以区分背景中的显著物体以及编码注意力转移信息。更具体地说，通过 PDC 模块，作者获得了具有 T 帧的输入视频的静态表示 $\{\boldsymbol{X}_t\}_{t=1}^{T}$。在时刻 t，给定 $\boldsymbol{X}_t$，显著性转移感知的 convLSTM 输出相应的显著对象掩码 $\boldsymbol{S}_t\in[0,\ 1]^{W\times H}$：

$$\begin{aligned}
\text{隐藏状态：}&\boldsymbol{H}_t=\mathrm{convLSTM}(\boldsymbol{X}_t,\ \boldsymbol{H}_{t-1})\\
\text{显著性转移感知注意：}&\boldsymbol{A}_t=\mathcal{F}^{A}(\{\boldsymbol{X}_1,\cdots,\boldsymbol{X}_t\})\\
\text{感知转移：}&\boldsymbol{G}_{m,t}=\boldsymbol{A}_t\odot\boldsymbol{H}_{m,t}\\
\text{显著性物体预测：}&\boldsymbol{S}_t=\sigma(\boldsymbol{w}^{S}\otimes\boldsymbol{G}_t)
\end{aligned} \tag{4.2}$$

其中，$\boldsymbol{H}\in\mathbb{R}^{W\times H\times M}$ 表示 3D 张量隐藏状态。注意力图 $\boldsymbol{A}\in[0,\ 1]^{W\times H}$ 是从显著性转移感知的注意网络 $\mathcal{F}^{A}$ 中计算出来的，它将先前的帧考虑在内。$\boldsymbol{G}\in\mathbb{R}^{W\times H\times M}$ 表示感知转移，而

$m\in M$ 表示通道索引下标。⊙符号为矩阵元素乘法。$\boldsymbol{w}^S\in\mathbb{R}^{1\times1\times M}$ 是一个 1×1 的卷积核，被用作显著对象读取函数。⊗为卷积操作，σ 是 sigmoid 激活函数。

上述模块的关键组成部分是显著性转移感知注意网络 $\mathcal{F}^A$。很显然，它充当一个神经元注意机制，因为它被用来对 convLSTM 输出的特征 $\boldsymbol{H}$ 进行加权。除此之外，作者还期望它能足够有效地模拟人类注意力转移行为。考虑到这样一个有区别的任务，作者引入了一个小的 convLSTM 来构建 $\mathcal{F}^A$，从而使得 convLSTM 中嵌套另外的 convLSTM 结构：

$$\text{显著性转移感知注意：}\boldsymbol{A}_t=\mathcal{F}^A(\{\boldsymbol{X}_1,\cdots,\boldsymbol{X}_t\})$$

$$\text{注意力特征提取：}\boldsymbol{H}_t^A=\text{convLSTM}^A(\boldsymbol{X}_t,\ \boldsymbol{H}_{t-1}^A)$$

$$\text{注意力映射：}\boldsymbol{A}_t=\sigma(\boldsymbol{w}^A\otimes\boldsymbol{H}_t^A) \tag{4.3}$$

其中 $\boldsymbol{w}^A\in\mathbb{R}^{1\times1\times M}$ 代表一个 1×1 的卷积核用来映射注意力特征 $\boldsymbol{H}^A$ 得到一个重要性矩阵，sigmoid 函数 σ 再把重要性矩阵值归一化到 [0, 1]。然后显著性转移感知注意 $\boldsymbol{A}_t$ 用于增强式（4.2）中的显著对象分割特征 $\boldsymbol{H}$。由于 convLSTM^A 的应用，这里的注意力模块获得了强大的学习能力，这为学习显式和隐式的注意力转移提供了坚实的基础。假设 $\{\boldsymbol{I}_t\in\mathbb{R}^{w\times h\times 3}\}_{t=1}^T$ 为一个包含了 T 帧的训练视频，$\{\boldsymbol{F}_t\in[0,\ 1]^{W\times H}\}_{t=1}^T$ 为人眼注视标注序列，$\{\boldsymbol{M}_t\in\{0,\ 1\}^{W\times H}\}_{t=1}^T$ 为视频显著对象用户标注结果。本书所用的损失函数由注意力模型 $\{\boldsymbol{A}_t\in\{0,\ 1\}^{W\times H}\}_{t=1}^T$ 的输出和最后视频显著对象预测结果 $\{\boldsymbol{S}_t\in\{0,$

$1\}^{W\times H}\}_{t=1}^{T}$ 构成：

$$\mathcal{L}=\sum_{t=1}^{T}(\ell(\boldsymbol{I}_t)\cdot\mathcal{L}^{\text{Att}}(\boldsymbol{A}_t,\boldsymbol{F}_t)+\mathcal{L}^{\text{VSOD}}(\boldsymbol{S}_t,\boldsymbol{M}_t)) \quad (4.4)$$

其中 $\mathcal{L}^{\text{Att}}$ 和 $\mathcal{L}^{\text{VSOD}}$ 都是交叉熵损失函数。$\ell(\cdot)\in\{0,1\}$ 表示是否存在注意视点标注（如表 2.2 所示，当前大多数的 VSOD 数据集缺少人眼注视点数据）。当缺少相应的注意视点时，误差就不会被回传。更重要的是，当 $\ell(\cdot)=0$ 时，式（4.3）中的显著性转移感知注意模型 $\mathcal{F}^A$ 就以隐式方式训练。这可以看作一种典型的神经注意机制。当提供注意视点标注时（$\ell(\cdot)=1$），$\mathcal{F}^A$ 就以显式的方式训练。借助 convLSTM 结构，$\mathcal{F}^A$ 就能够准确地将本书的 VSOD 模型的注意力转移到重要的对象上。

4.3.2 实现细节

PDC 模型的基础 CNN 网络来自 ResNet-50[131] 的卷积层并且将最后两层步长设为 1。所有输入图像帧都被缩放到 473×473 的空间分辨率且 $\boldsymbol{Q}\in\mathbb{R}^{60\times60\times2048}$。与文献［89］一致，作者设置 $K=4$，$C=512$，$d_k=2^k(k\in\{1,\cdots,4\})$。对于式（4.2）中的 convLSTM，作者使用一个 3×3×32 的卷积核。而对于式（4.3）中的 convLSTM^A 则用一个 3×3×16 的卷积核。在训练策略上，本书和文献［89］保持一致（但是未使用 MSRA-10k[5] 数据集）。此外，作者进一步利用 DAVSOD 训练集来显式地训练显著性转移感知注意模块。

4.4 视频显著性物体检测模型评测结果

4.4.1 实验设置

评估指标： 为定量衡量模型性能，本书用两种流行的指标，包括平均绝对误差（MAE）$\mathcal{M}$、F-measure $\mathcal{F}$[34]，以及最新提出的结构性指标 S-measure S[65]。

评测的模型： 本书共测试了 17 种模型（传统方法 11 种，深度模型 6 种）。选择模型的标准为①代码已公开，②具有代表性。

评测策略： 为了提供全面的评测，作者在现有的 7 个数据集和所提出的 DAVSOD 上评估了 17 种具有代表性的模型。VOS[26]、FBMS[28]、DAVIS[31] 和 DAVSOD 这 4 个数据集对应的原文献分配好了训练集合和测试集合，本书的评测策略仅使用它们提供的测试集合，其余 4 个完整的数据集 ViSal[29]、MCL[30]、SegV2[25] 和 UVSD[32] 被用来当作测试集。它们共计 237 个视频，约 4 万帧。

4.4.2 性能比较和数据集分析

本节将呈现若干能促进未来研究的重要结论。

传统模型的性能： 基于表 4.2 中的不同指标，本书得出

表 4.2　17 个最先进的 VSOD 模型在 8 个数据集上的评测结果：SegV2[25]、FBMS[28]、ViSal[29]、MCL[30]、DAVIS[31]、UVSD[32]、VOS[26] 以及 DAVSOD（见彩插）

数据集		2010—2015							2016—2017				2018						
		SIVM [12]	TIMP [14]	SPVM [19]	RWRV [30]	MB [73]	SAGM [20]	GFVM [29]	MSTM [74]	STBP [22]	SGSP [32]	SFLR [21]	SCOM [23]†	SCNN [17]†	DLVS [16]†	FGRN [85]†	MBNM [24]†	PDBM [89]†	SSAV†
ViSal	max $\mathcal{F}\uparrow$	0.522	0.479	0.700	0.440	0.692	0.688	0.683	0.673	0.622	0.677	0.779	0.831	0.831	0.852	0.848	0.883	0.888	0.939
	排名	16	17	9	18	10	11	12	14	15	13	8	6	6	4	5	3	2	1
	$\mathcal{S}\uparrow$	0.606	0.612	0.724	0.595	0.726	0.749	0.757	0.749	0.629	0.706	0.814	0.762	0.847	0.881	0.861	0.898	0.907	0.943
	排名	17	16	13	18	12	10	9	10	15	14	7	8	6	4	5	3	2	1
	$\mathcal{M}\downarrow$	0.197	0.170	0.133	0.188	0.129	0.105	0.107	0.095	0.163	0.165	0.062	0.122	0.071	0.048	0.045	0.020	0.032	0.020
	排名	18	16	13	17	12	9	10	8	14	15	6	11	7	5	4	1	3	1
FBMS-T	max $\mathcal{F}\uparrow$	0.426	0.456	0.330	0.336	0.487	0.564	0.571	0.500	0.595	0.630	0.660	0.797	0.762	0.759	0.767	0.816	0.821	0.865
	排名	16	15	18	17	14	12	11	13	10	9	8	4	6	7	5	3	2	1
	$\mathcal{S}\uparrow$	0.545	0.576	0.515	0.521	0.609	0.659	0.651	0.613	0.627	0.661	0.699	0.794	0.794	0.794	0.809	0.857	0.851	0.879
	排名	16	15	18	17	14	10	11	13	12	9	8	5	5	5	4	2	3	1
	$\mathcal{M}\downarrow$	0.236	0.192	0.209	0.242	0.206	0.161	0.160	0.177	0.152	0.172	0.117	0.079	0.095	0.091	0.088	0.047	0.064	0.040
	排名	17	14	16	18	15	11	10	13	9	12	8	4	7	6	5	2	3	1

DAVIS-T	max $\mathcal{F}\uparrow$	0. 450	0. 488	0. 390	0. 345	0. 470	0. 515	0. 569	0. 429	0. 544	0. 655	0. 727	0. 783	0. 714	0. 708	0. 783	0. 861	0. 855	0. 861
	排名	15	13	17	18	14	12	10	16	11	7	6	4	7	8	4	1	3	1
	$\mathcal{S}\uparrow$	0. 557	0. 593	0. 592	0. 556	0. 597	0. 676	0. 687	0. 583	0. 677	0. 692	0. 790	0. 832	0. 783	0. 794	0. 838	0. 887	0. 882	0. 893
	排名	17	14	15	18	13	12	10	16	11	9	7	5	8	6	4	2	3	1
	$\mathcal{M}\downarrow$	0. 212	0. 172	0. 146	0. 199	0. 177	0. 103	0. 103	0. 165	0. 096	0. 138	0. 056	0. 048	0. 064	0. 061	0. 043	0. 031	0. 028	0. 028
	排名	18	15	13	17	16	10	10	14	9	12	6	5	8	7	4	3	2	1
SegV2	max $\mathcal{F}\uparrow$	0. 581	0. 573	0. 618	0. 438	0. 554	0. 634	0. 592	0. 526	0. 640	0. 673	0. 745	0. 764	**	**	**	0. 716	0. 800	0. 801
	排名	11	12	9	15	13	8	10	14	7	6	4	3				5	2	1
	$\mathcal{S}\uparrow$	0. 605	0. 644	0. 668	0. 583	0. 618	0. 719	0. 699	0. 643	0. 735	0. 681	0. 804	0. 815	**	**	**	0. 809	0. 864	0. 851
	排名	14	11	10	15	13	7	8	12	6	9	5	3				4	1	2
	$\mathcal{M}\downarrow$	0. 251	0. 116	0. 108	0. 162	0. 146	0. 081	0. 091	0. 114	0. 061	0. 124	0. 037	0. 030	**	**	**	0. 026	0. 024	0. 023
	排名	15	11	9	14	13	7	8	10	6	12	5	4				3	2	1
UVSD	max $\mathcal{F}\uparrow$	0. 293	0. 338	0. 404	0. 281	0. 339	0. 414	0. 426	0. 336	0. 403	0. 544	0. 562	0. 420	0. 550	0. 564	0. 630	0. 550	0. 863	0. 801
	排名	17	15	12	18	14	11	9	16	13	8	5	10	6	4	3	6	1	2
	$\mathcal{S}\uparrow$	0. 481	0. 537	0. 581	0. 536	0. 563	0. 629	0. 628	0. 551	0. 614	0. 601	0. 713	0. 555	0. 712	0. 721	0. 745	0. 698	0. 901	0. 861
	排名	18	16	12	17	13	8	9	15	10	11	5	14	6	4	3	7	1	2
	$\mathcal{M}\downarrow$	0. 260	0. 178	0. 146	0. 180	0. 169	0. 111	0. 106	0. 145	0. 105	0. 165	0. 059	0. 206	0. 075	0. 060	0. 042	0. 079	0. 018	0. 025
	排名	18	15	12	16	14	10	9	11	8	13	4	17	6	5	3	7	1	2

（续）

数据集		2010—2015							2016—2017				2018						
		SIVM [12]	TIMP [14]	SPVM [19]	RWRV [30]	MB [73]	SAGM [20]	GFVM [29]	MSTM [74]	STBP [22]	SGSP [32]	SFLR [21]	SCOM [23]†	SCNN [17]†	DLVS [16]†	FGRN [85]†	MBNM [24]†	PDBM [89]†	SSAV†
MCL	max $\mathcal{F}$ ↑	0.420	0.598	0.595	0.446	0.261	0.422	0.406	0.313	0.607	0.645	0.669	0.422	0.628	0.551	0.625	0.698	0.798	0.774
	排名	15	9	10	12	18	13	16	17	8	5	4	13	6	11	7	3	1	2
	$\mathcal{S}$ ↑	0.548	0.642	0.665	0.577	0.539	0.615	0.613	0.540	0.700	0.679	0.734	0.569	0.730	0.682	0.709	0.755	0.856	0.819
	排名	16	11	10	14	18	12	13	17	7	9	4	15	5	8	6	3	1	2
	$\mathcal{M}$ ↓	0.185	0.113	0.105	0.167	0.178	0.136	0.132	0.171	0.078	0.100	0.054	0.204	0.054	0.060	0.044	0.119	0.021	0.027
	排名	17	10	9	14	16	13	12	15	7	8	4	18	4	6	3	11	1	2
VOS-T	max $\mathcal{F}$ ↑	0.439	0.401	0.351	0.422	0.562	0.482	0.506	0.567	0.526	0.426	0.546	0.690	0.609	0.675	0.669	0.670	0.742	0.742
	排名	14	17	18	16	9	13	12	8	11	15	10	3	7	4	6	5	1	1
	$\mathcal{S}$ ↑	0.558	0.575	0.511	0.552	0.661	0.619	0.615	0.657	0.576	0.557	0.624	0.712	0.704	0.760	0.715	0.742	0.818	0.819
	排名	15	14	18	17	8	11	12	9	13	16	10	6	7	3	5	4	2	1
	$\mathcal{M}$ ↓	0.217	0.215	0.223	0.211	0.158	0.172	0.162	0.144	0.163	0.236	0.145	0.162	0.109	0.099	0.097	0.099	0.078	0.073
	排名	16	15	17	14	9	13	10	7	12	18	8	10	6	4	3	4	2	1

DAVSOD-T	max $\mathcal{F}$↑	0.298	0.395	0.358	0.283	0.342	0.370	0.334	0.344	0.410	0.426	0.478	0.464	0.532	0.521	0.563	0.510	0.562	0.630
	排名	17	11	13	18	15	12	16	14	10	9	7	8	4	5	2	6	3	1
	$\mathcal{S}$↑	0.486	0.563	0.538	0.504	0.538	0.565	0.553	0.532	0.568	0.577	0.624	0.599	0.657	0.637	0.673	0.654	0.678	0.699
	排名	18	12	14	17	14	11	13	16	10	9	7	8	4	6	3	5	2	1
	$\mathcal{M}$↓	0.288	0.195	0.202	0.245	0.228	0.184	0.167	0.211	0.160	0.207	0.143	0.220	0.139	0.140	0.109	0.170	0.127	0.098
	排名	18	11	12	17	16	10	8	14	7	13	6	15	4	5	2	9	3	1
总排名		18	16	14	17	15	10	11	13	9	12	7	8	6	5	3	4	2	1
运行时间		72.4s	69.2s	56.1s	18.3s	0.02s	45.4s	53.7s	0.02s	49.49s	51.7s	119.4s	38.8s	38.5s	0.47s	0.09s	2.63s	0.05s	0.049s
排名		17	16	15	8	1	11	14	1	12	13	18	10	9	6	5	7	4	3

注：请注意，TIMP 仅在 VOS 上的 9 个短视频进行测试，因为它无法处理长视频。“ ∗∗ ”表示该模型已经在该数据集上进行了训练。“-T”表示结果是在该数据集的测试集上得到的。“†”表示深度学习模型。

的结论为“SFLR[21]、SGSP[32] 和 STBP[22] 是 VSOD 中非深度学习模型的前 3 名。”SFLR 和 SGSP 都显式地考虑了光流策略来提取运动特征，但计算成本通常很高（见表 2.3）。值得注意的是，这 3 个模型都利用超像素技术在区域级别上整合时空特征。

深度模型的性能：评测中前 3 名的模型（即 SSAV、PDBM[89] 和 MBN-M[24]）都基于深度学习技术，这表明神经网络具有强大的学习能力。在 ViSal 数据集上（VSOD 的第一个专门设计的数据集），它们的平均性能（max $\mathcal{F}$）甚至高于 0.9。

传统与深度模型的比较：从表 4.2 可见几乎所有深度模型都优于传统算法，这归功于深度网络更强大的显著性特征提取能力。另一个有趣的发现是经典方法中最好的模型（SFLR[21]）在 MCL、UVSD、ViSal 及 DAVSOD 数据集上的性能比某些深度模型（如 SCOM[23]）的性能更好。这说明在深度学习架构中研究如何有效利用人的先验知识是很有前景的方向。

数据集分析：在表 4.2 中，红颜色意味着特定指标（如，max $\mathcal{F}$、$\mathcal{S}$ 以及 $\mathcal{M}$）具有更好性能，蓝色次之，绿色为第 3。作者发现 ViSal 和 UVSD 数据集相对容易，因为排名前 2 的模型，即 SSAV 和 PDBM[89] 获得了非常高的性能（$\mathcal{S}>0.9$）。但是，对于像 DAVSOD 这样更具挑战性的数据集，VSOD 模型的性能会急剧下降（$\mathcal{S}<0.7$）。这揭示了 VSOD 模型的整体和单独性能在未来的研究中都还有很大的提升空间。

运行时间分析：表 2.3 列出了当前 VSOD 方法和本书提出的 SSAV 方法的运行时间（PCF 列）。对已经公布代码的模型，其测试时间是在相同的硬件平台：Intel Xeon(R) E5-2676v3@2.4GHz×24、GTX TITAN X 上测试的。其余模型的测试时间则是从原文献中摘录的。可以注意到，本书提出的模型没有应用任何前/后处理（例如 CRF）算法，因此处理速度仅需约 0.049 秒。

4.4.3 分离实验

隐式和显式显著性转移感知注意机制：为了研究所提出的 SSAA 模块受不同训练策略的影响，作者导出两个基线：显式和隐式，对应于所提出的 SSAV 模型以显式和隐式方式进行训练。隐式基线训练时，作者采用的是 VSOD 中的对象级标注而没有使用 DAVSOD 数据集中的注意视点标注。由表 4.3 可知，SSAV 模型采用显式训练方式优于隐式训练。这表明利用眼动数据有助于 SSAV 模型更好地捕获显著性转移现象，从而进一步提高最终的 VSOD 性能。

表 4.3 SSAV 模型在 DAVSOD 数据集上的分离实验

类型	基线	$\mathcal{S}\uparrow$	max $\mathcal{F}\uparrow$	$\mathcal{M}\downarrow$
SSAA	显式	**0.699**	**0.630**	**0.098**
	隐式	0.684	0.593	0.103
SSLSTM	w/o SSLSTM	0.667	0.541	0.132

显著性转移感知 convLSTM 的有效性：为了研究 SSL-

STM 的有效性，作者提供了另一个基线：w/o SSLSTM，即从SSAV 模型中去掉 SSLSTM 模块。从表 4.3 中发现，基线的性能有所下降（$\mathcal{S}$ 由 0.699 降至 0.667）。这证实了所提出的 SSLSTM 模块能从具有挑战性的数据中有效地学习到选择性注意力分配和注意力转移。

与最先进的模型比较： 表 4.2 列出了所提出的 SSAV 模型与当前最先进的 17 种 VSOD 算法的性能。本书的基线 SSAV 模型性能在大多数数据集上的表现比其他模型更好。具体而言，本书的模型在 ViSal 和 FBMS 数据集上的性能得到了显著提高。而在 VOS、SegV2 和 DAVIS 数据集上获得了相当的性能。至于更具有挑战性的 DAVSOD 数据集，SSAV 模型也获得了最佳性能。作者将这些表现出色的性能归功于 SSLSTM 的引入，它有效地学习了动态场景中的显著性分配机制，并指导模型准确地处理那些视觉上重要的区域。

图 4.11 表明，与其他先进的算法相比，本文的 SSAV 方法获得的视觉效果更为理想。SSAV 模型成功捕获了显著性转移现象（从第 1 ~ 第 5 帧：猫→［猫，盒子］→猫→盒子→［猫，盒子］）。

图 4.12 ~ 图 4.18 展示了 7 个数据集上典型的视频序列显著图检测对比结果，从这些视觉对比结果中可以看出，本书的 SSAV 方法与人工标注的显著图最接近，这也充分说明了本书的 SSAV 模型能够应对各种具有挑战性的场景，模型有很强的泛化能力。

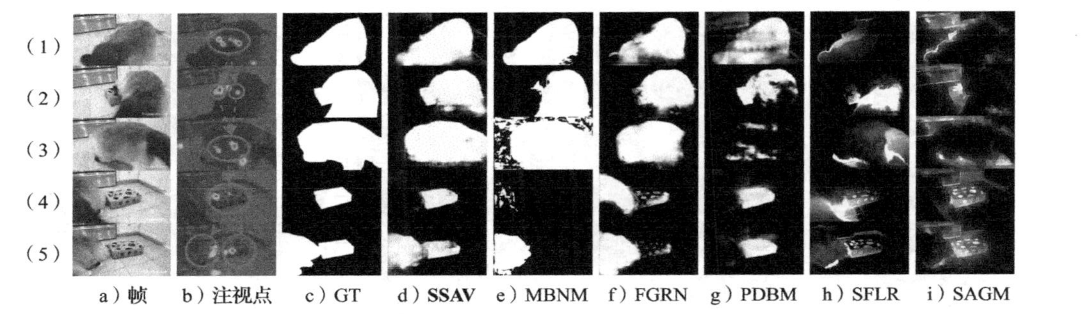

图 4.11 DAVSOD 数据集上深度模型前 3 名（MBNM[24]、FGRN[85] 和 PDBM[89]）与传统模型前 2 名（SFLR[21] 和 SAGM[20]）的视觉结果比较。本书的 SSAV 模型成功捕捉了显著性转移现象

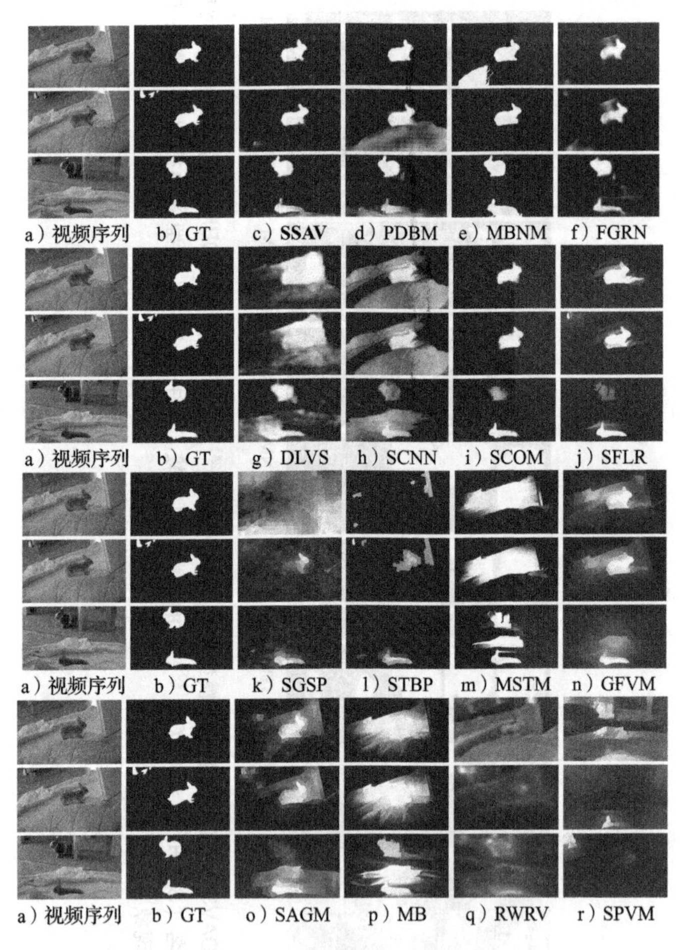

图 4.12　FBMS[28] 数据集上显著图视觉效果对比

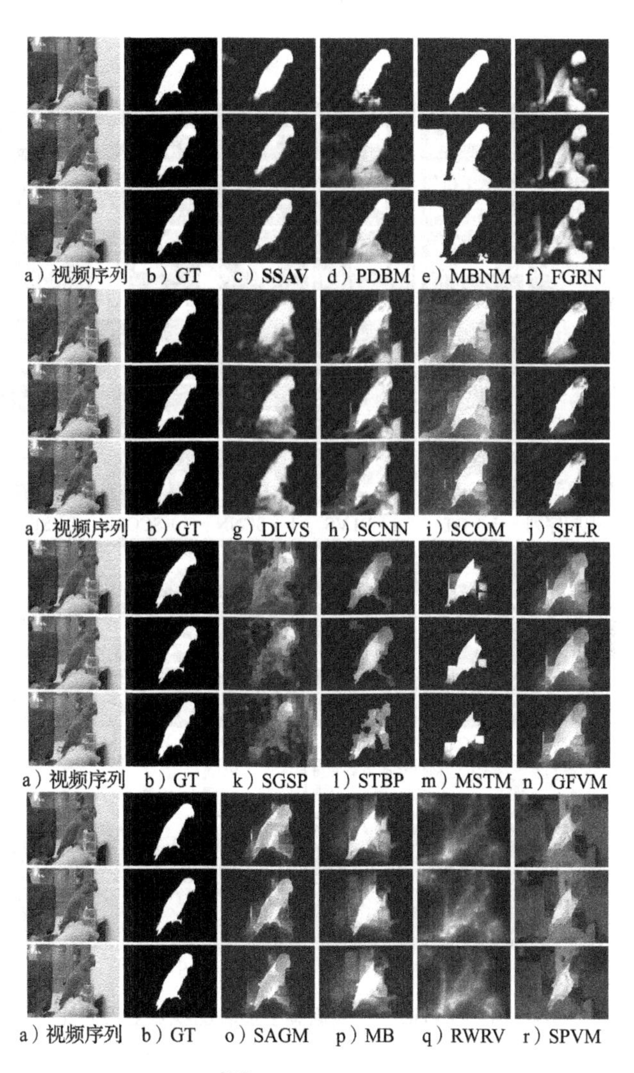

图 4.13 ViSal[29] 数据集上显著图视觉效果对比

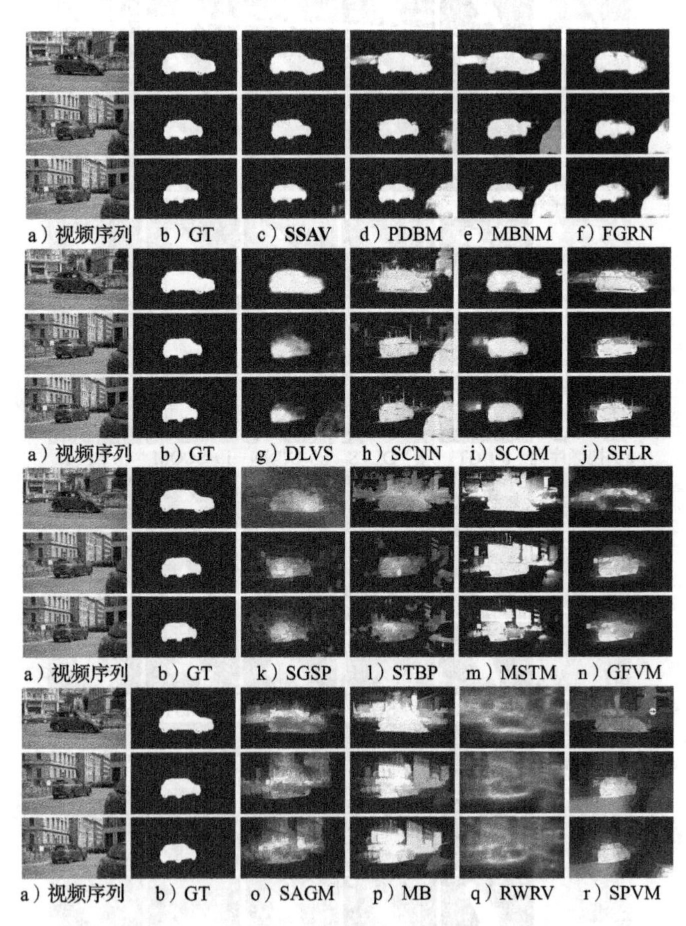

图 4.14　DAVIS[31] 数据集上显著图视觉效果对比

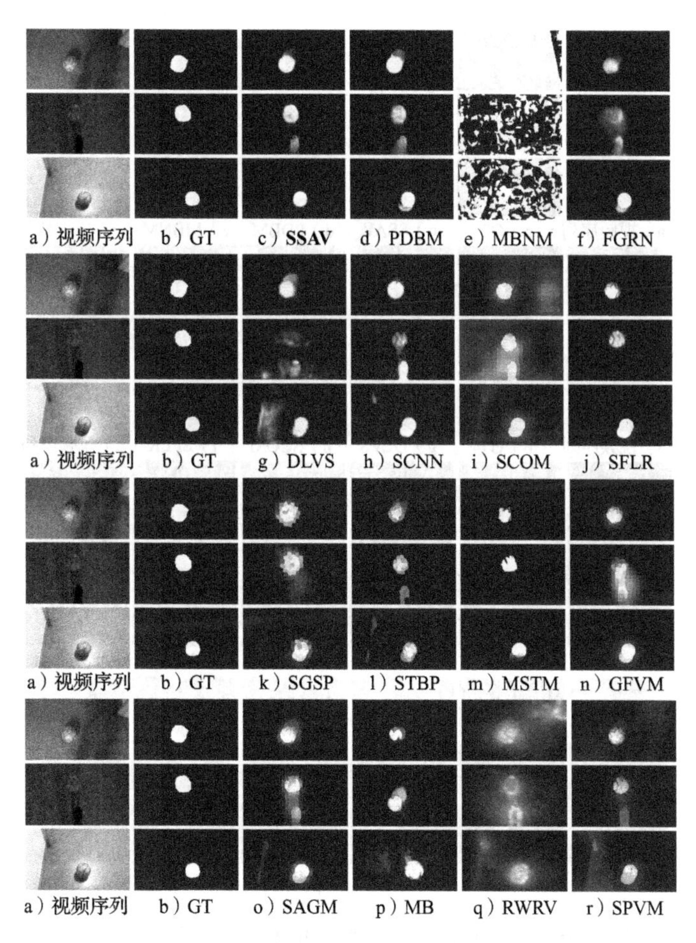

图 4.15 MCL[30] 数据集上显著图视觉效果对比

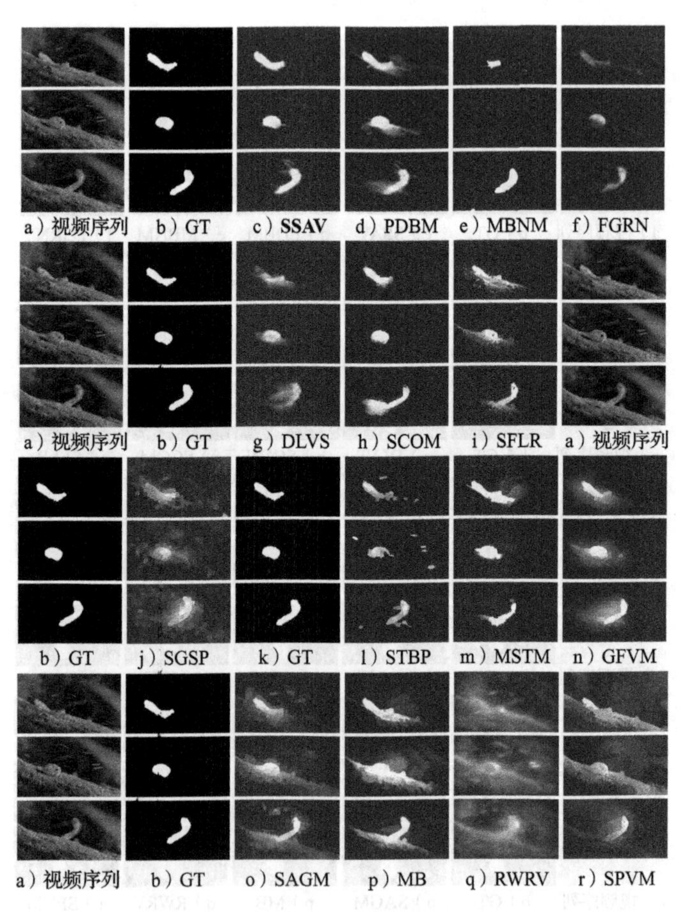

图 4.16　SegTrack-V2[25] 数据集上显著图视觉效果对比

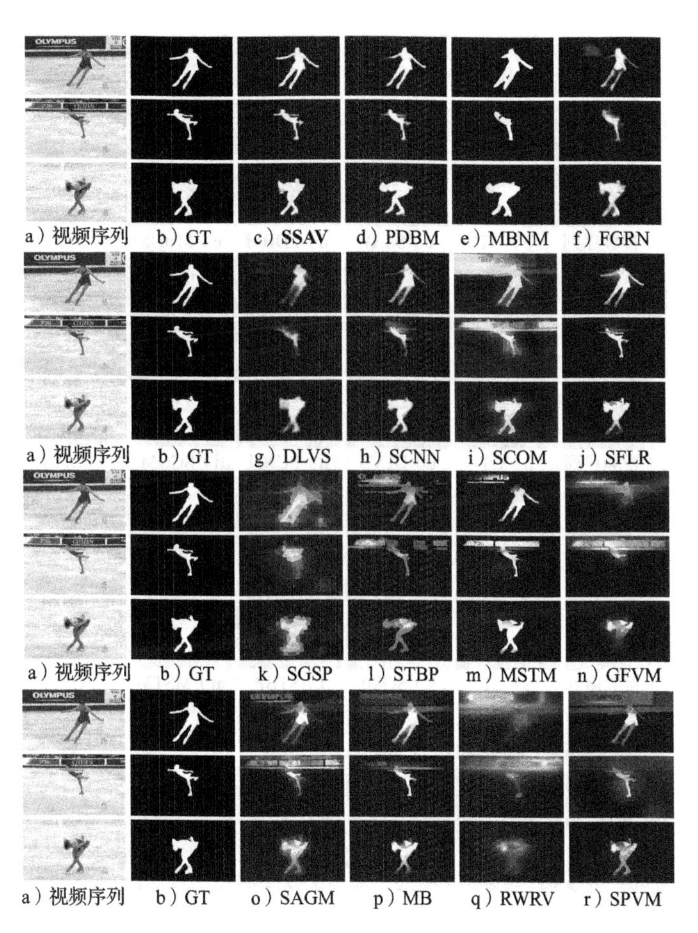

图 4.17 UVSD[32] 数据集上显著图视觉效果对比

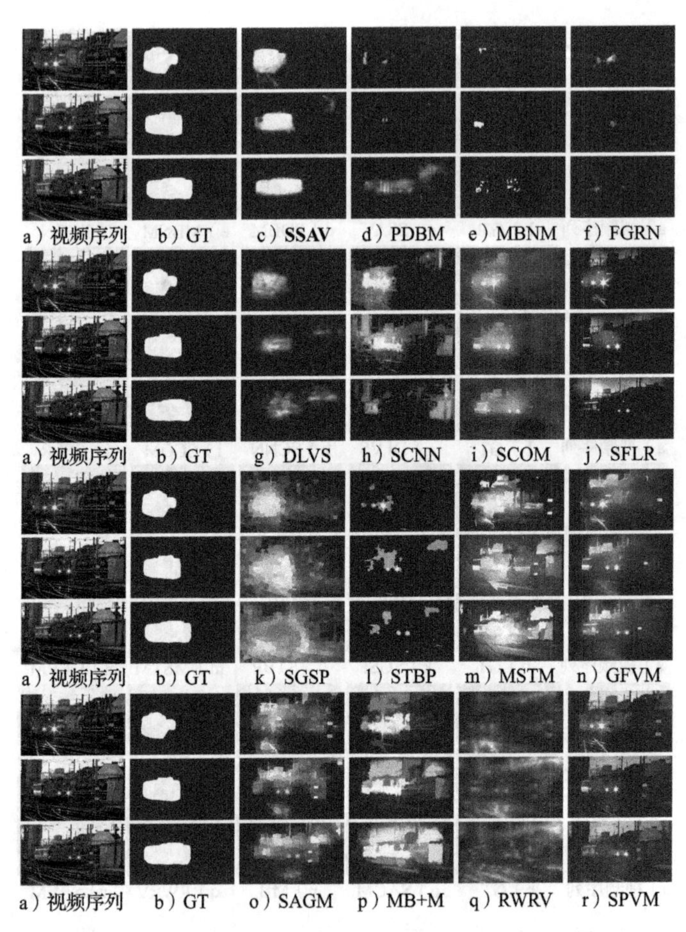

图 4.18　本书提出的 DAVSOD 数据集上显著图视觉效果对比

然而，其他高性能的 VSOD 模型要么无法突显整个显著对象（例如 SFLR 模型、SAGM 模型），要么仅捕获到移动的猫（例如 MBNM 模型）。希望本书提出的基础模型能为模型的开发开辟出光明的前景。

4.5 讨论和结论

通过构建新的、与视觉注意力相一致的 DAVSOD 数据集，建立最大规模的评测，并提出 SSAV 基础模型，本书呈现了 VSOD 领域最全面的调研。相比传统或深度学习模型，所提出的 SSAV 模型获得了卓越的性能并且在视觉上得到了更友好的结果。大量实验表明，即使考虑到性能最佳的模型，VSOD 问题似乎还远未解决。上述努力以及深入的分析有利于该领域的发展，并激发更广泛的潜在研究，例如基于显著性感知的视频字幕、视频显著对象感数和实例级 VSOD 等。

第5章

基于结构相似性的显著性检测评价指标

本章主要研究基于结构相似性的显著性检测评价指标。5.1 节介绍背景知识、研究动机及解决方案概要；5.2 节介绍本章基于结构相似性的显著性物体检测评价指标；5.3 节给出实验验证和结果分析；5.4 节对本章进行小结。

5.1 引言

5.1.1 背景知识

预测的前景显著图和标准手工标注显著图之间的度量对于衡量和比较计算机视觉应用中的各种算法（如对象检测[6,132-134]、显著性检测[7,135-136]、图像分割[137]、基于内容的图像检索[43,112,138]、语义分割[139-141]以及图像收集浏览[115,142-143]）有着重要的意义。尽管本书提出的指标可以用于其他目的，作为一个典型的例子，本书将集中于显著物体检测模型[6,144-145]的评估上，但有必要指出，显著物体不一定是前景物体[146]。

标准显著图（GT）通常是二值的（本书假设如此）。前景映射可以是非二值或二值的。因此，评估指标可分为两类。第一类是二值显著图评估，常见的指标有 F_{β}-measure[5,33,110] 和 PASCAL VOC 分割指标[104]。第二类是非二值显著图评估，包括 AUC 和 AP[104] 两种传统的指标以及最新公布的 F_{β}^{ω}[27] 指标，F_{β}^{ω} 弥补了 AP 和 AUC 指标的缺点（详见5.3节）。几乎所有显著物体检测模型的结果都是非二值的显著图。因此，本书专注于非二值显著图的评估，注意，这里的非二值的显著图包括了显著图。

5.1.2 研究动机

如图5.1所示，作者比较3种最先进的显著物体检测算法生成的显著图的排序：DISC[53]、MDF[40] 和 MC[48]。根据应用程序的排序，蓝色边框显著图排在第1位，其次是黄色和红色边框显著图。就 GT 而言，蓝色边框的显著图最准确地捕获了狗的结构。黄色边框的显著图看起来较模糊，虽然狗的整体轮廓仍然存在。红色边框的显著图则几乎完全破坏了狗的结构。令人惊讶的是，所有基于像素误差（前3行）的指标都无法正确排序这些显著图，唯独本书提出的新的指标（第4行）以正确的顺序排列了这3张显著图。

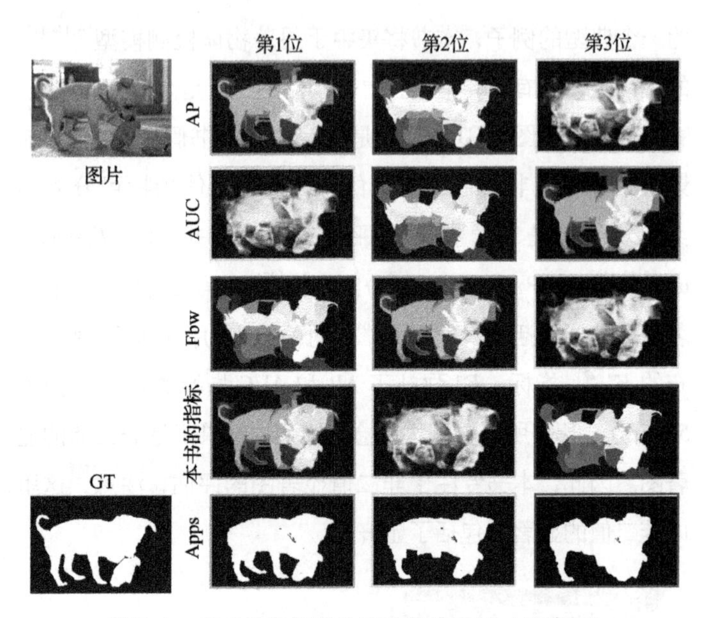

图 5.1　当前的指标评价不准确的示例（见彩插）

在各种分割的应用中，包含完整物体结构的前景图都是很受欢迎的。因此，一个好的评价指标应该能够告诉使用者，哪个模型能够得到更加完整的物体。例如，图 5.1（第 1 行），蓝色边框显著图比红色边框显著图更好地捕捉到小狗。对于后者而言，狗的形状已经严重退化到难以从其分割后的显著图中猜测物体的类别了。出乎意料的是，目前的所有评价指标都无法正确地对这些显著图进行排序（就结构保留的角度而言）。

本书使用 10 个最先进的显著性检测模型获得 10 个显

著图（图5.2的第1行和第3行），然后将这些显著图作为SalCut[5]算法的输入以生成相应的二值显著图（第2行和第4行）。最后，使用本书的结构度量指标对这些显著图排名。

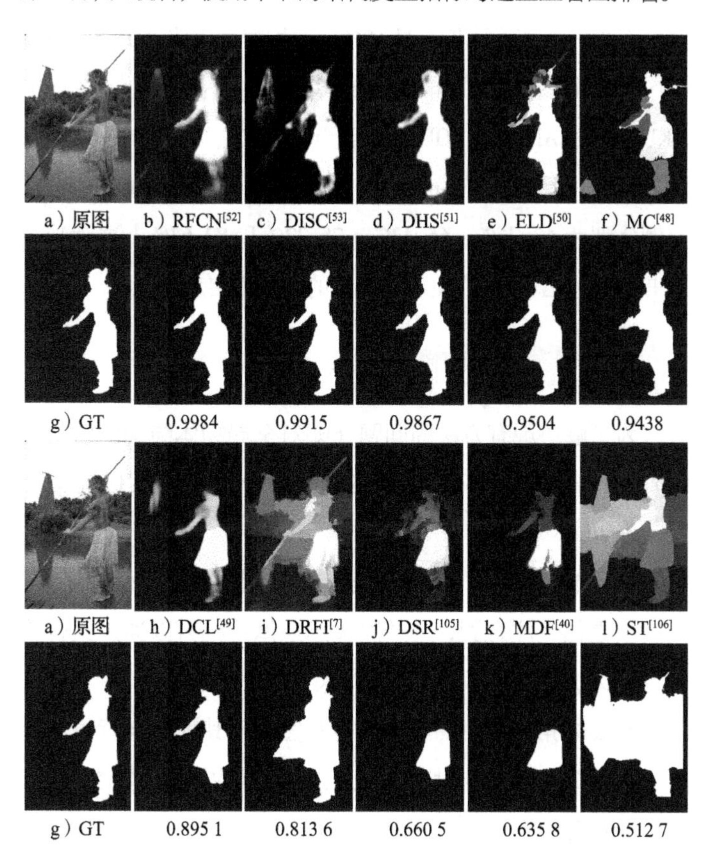

图5.2 10个显著性检测算法（第1行和第3行）**作为SalCut[5]输入，输出结果**（第2行和第4行）**用S-measure**（$\lambda=0.25$，$K=4$）**度量**

指标测量的值越小表示相应人物的整体结构受到的破坏越严重。实验结果清晰地表明本书的指标强调物体的整体结构。在这10张二值显著图中（第2行），有6张显著图的结构度量值低于0.95，那么比例就是60%。用相同的阈值（0.95）发现4个主流的显著性数据集中物体被破坏的比例（例如ECSSD、HKU、PASCAL以及SOD）分别为66.80%、67.30%、81.82%和83.03%。而使用F_β-measure来度量这些二值显著图，这些比例分别为63.76%、65.43%、78.32%和82.67%。这意味着本书的指标比F_β指标在物体结构的度量上更加严格。

5.1.3 解决方案概要

为了解决现有方法的问题（即对全局物体结构的敏感度低），作者根据以下两个观察提出了一种结构相似性指标（S-measure）[1]。

- **区域角度：**虽然很难描述前景显著图的物体结构，但是作者注意到，一个物体的整体结构可以通过组合物体-部分（区域）的结构来很好地表达。
- **物体角度：**在高质量的显著图中，其前景与背景部分形成了强烈的对比，并且前景和背景部分通常近似于均匀分布。

本书提出的相似性指标由面向区域和面向物体的结构相

[1] 源代码：https://github.com/DengPingFan/S-measure。

似性度量两个部分组成。**面向区域**的结构相似性度量试图通过组合所有物体-部分的结构信息来捕捉整体的结构信息。在图像质量评估（Image Quality Assessment，IQA）领域中，区域的结构相似性研究已有很好的研究成果。**面向物体**的结构相似性度量试图比较显著图（SM）和标准显著图（GT）中前景和背景区域的全局分布。

本书采用5个元度量（其中1个由本书引入）在5个公开的基准数据集上进行实验，结果表明本书的指标比其他指标更有效。

5.2 S-measure 指标

本节将介绍一个新的指标来评价前景显著图。在IQA领域中，结构相似性指标（SSIM）[147] 被广泛用于衡量原始图像和测试图像之间的结构相似性。

设 $x=\{x_i \mid i=1,2,\cdots,N\}$ 和 $y=\{y_i \mid i=1,2,\cdots,N\}$ 分别是SM和GT的像素值。$\bar{x}$、$\bar{y}$、σ_x、σ_y 分别是 x 和 y 的均值和标准差。σ_{xy} 是它们的协方差。SSIM即可表示为3个部分的乘积，即亮度比较、对比度比较和结构比较。

$$\mathrm{SSIM}=\frac{2\bar{x}\,\bar{y}}{(\bar{x})^2+(\bar{y})^2}\times\frac{2\sigma_x\sigma_y}{\sigma_x^2+\sigma_y^2}\times\frac{\sigma_{xy}}{\sigma_x\sigma_y} \tag{5.1}$$

在式（5.1）中，前两项分别表示亮度比较和对比度比较。两者越接近（例如，$\bar{x}$ 和 $\bar{y}$ 接近或者 σ_x 和 σ_y 接近），则它们的比值越趋近于1（即亮度或对比度）。图像中的物体结构与明亮度（受照明和反射率影响）无关，因此图像结构比较公式的设计应该与亮度和对比度无关。SSIM[147] 将两个单元向量 $(x-\bar{x})/\sigma_x$ 和 $(y-\bar{y})/\sigma_y$ 结合起来表示两张图像的结构。由于这两个向量之间的相关性等价于 x 和 y 之间的相关系数，因此图像结构比较公式可由式（5.1）中的第3项表示。

在显著性物体检测领域，研究人员更关心前景物体结构。因此，本书提出的结构度量指标同时考虑了面向区域和面向物体之间的结构相似性度量。面向区域的结构相似性度量和文献［147］相似，其目的是捕获物体-部分的结构信息，并没有考虑整个前景部分。面向物体的结构相似性度量的设计主要是为了捕获完整的前景物体的结构信息。

5.2.1 面向区域的结构相似性度量

本节研究如何度量面向区域的相似性。面向区域相似性的度量旨在评价物体-部分与GT显著图之间的结构相似性。首先找到GT的重心，然后沿着该重心点采用水平和垂直分割线将SM和GT显著图分成4块。与文献［148］一样，接着将每个块递归地分割，最后分块的总数为 K。图5.3展示了一个简单的例子，使用式（5.1）独立地计算每个块的区域相似度SSIM（k），并用每个块所包含的GT前景区域面积的比例为每个块分配不同的权重（w_k）。因此，面向区域的结构相似性度量可以表达为：

$$S_r = \sum_{k=1}^{K} w_k \mathrm{SSIM}(k) \tag{5.2}$$

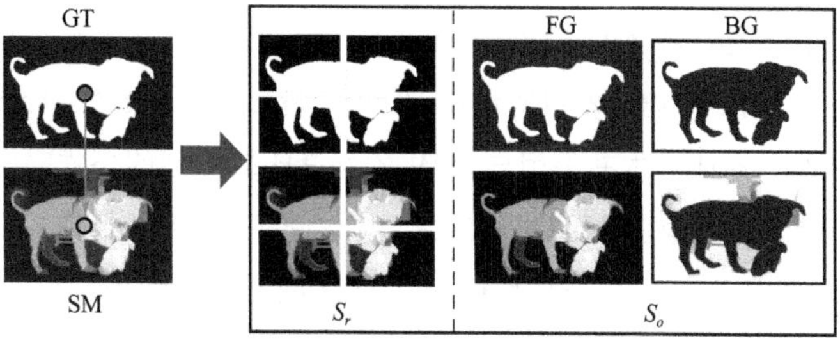

GT
SM
FG
BG
S_r
S_o

图 5.3 Structure-measure 的框架

后续的实验结果表明，作者提出的 S_r 可以很好地描述 SM 和 GT 显著图之间的物体-部分的相似性。另外，作者试图在整张图像（部分块）级别中采用 SSIM[147] 中提到的滑动窗口方式去度量 SM 和 GT 之间的相似性，然而这一方式并不能捕获面向区域的结构相似性。

5.2.2 面向物体的结构相似性度量

将显著图划分成块可以帮助评价物体-部分的结构相似性。然而，这一面向区域的度量（S_r）并不能很好地表达全局的结构相似性。对于显著性物体检测这一类高级视觉任务来说，物体级别的相似性度量至关重要。为了实现这一目标，作者提出了一种新的方法将前景和背景分开度量。由于 GT 显著图通常有强烈的前景-背景对比度和均匀分布这两个重要特性。因此，预测的 SM 也被期望具有这样的特性，从而能够更加容易地区分前景与背景。针对这两个特征，本书设计了面向物体的结构相似性度量。

强烈的前景-背景对比：GT 的前景区域与背景区域形成强烈的对比。本书采用与 SSIM 的亮度比较相似的公式来度量 SM 的前景区域和 GT 的前景区域之间接近的平均概率。令 x_{FG} 和 y_{FG} 分别表示 SM 和 GT 的前景区域的概率值。$\bar{x}_{FG}$ 和 $\bar{y}_{FG}$ 分别表示 x_{FG} 和 y_{FG} 的均值。前景比较可以表示为，

$$O_{FG}=\frac{2\bar{x}_{FG}\bar{y}_{FG}}{(\bar{x}_{FG})^2+(\bar{y}_{FG})^2} \tag{5.3}$$

式（5.3）有几个令人满意的性质：

- 交换 $\bar{x}_{FG}$ 和 $\bar{y}_{FG}$ 的值，O_{FG} 的结果不变。
- O_{FG} 的范围是［0，1］。
- 当且仅当 $\bar{x}_{FG}=\bar{y}_{FG}$ 时，得到 $O_{FG}=1$。
- 最重要的性质是，当两个显著图越相似，则 O_{FG} 越接近 1。这些性质使式（5.3）符合本书的目的。

均匀的显著性分布：GT 的前景和背景区域通常是均匀分布的。因此，给予显著性物体被均匀检测（即整个物体有相似的显著值）出来的显著图一个更高的评测值是非常重要的。如果 SM 中前景部分的显著值变化很大，那么它的分布就不均匀。

在概率论和统计学中，标准差与平均数的比值（$\sigma_x/\bar{x}$）称为变异系数，是一个标准的衡量概率分布离散程度的统计量。

在这里，作者用它来度量 SM 的离散程度。换句话说，可以使用变异系数来计算 SM 和 GT 之间的不相似度。根据式（5.3），SM 和 GT 之间物体级别的总体不相似性可以写成：

$$D_{FG}=\frac{(\bar{x}_{FG})^2+(\bar{y}_{FG})^2}{2\bar{x}_{FG}\bar{y}_{FG}}+\lambda\frac{\sigma_{x_{FG}}}{\bar{x}_{FG}} \tag{5.4}$$

其中 λ 是平衡这两部分的常数。由于 GT 前景部分的平均概率在实际中恰好为 1，因此 SM 和 GT 之间物体级别的相似性可以表示为：

$$O_{FG}=\frac{1}{D_{FG}}=\frac{2\bar{x}_{FG}}{(\bar{x}_{FG})^2+1+2\lambda\sigma_{x_{FG}}} \tag{5.5}$$

为了计算背景的相似性 O_{BG}，作者将背景视为前景的补集，可以用 1 减去 SM 和 GT 显著图，如图 5.3 所示。那么，O_{BG} 可以类似地定义为：

$$O_{BG}=\frac{2\bar{x}_{BG}}{(\bar{x}_{BG})^2+1+2\lambda\sigma_{x_{BG}}} \tag{5.6}$$

设 μ 为 GT 中的前景区域与图像区域（宽×高）的比值，最后面向物体的结构相似性度量被定义为：

$$S_o=\mu O_{FG}+(1-\mu)O_{BG} \tag{5.7}$$

5.2.3 结构相似性指标

有了面向区域和面向物体的结构相似性定义，本书的结构度量就可以表示为：

$$S=\alpha S_o+(1-\alpha)S_r \tag{5.8}$$

其中，$\alpha \in [0, 1]$。本书实验中设置 $\alpha = 0.5$。使用这个指标去度量图 5.1 中的 3 个 SM 显著图，就能得到与应用排序结果一致的正确排序。

5.3 实验验证

为了评测本书所提出的指标的性能，作者采用了 Margolin 等人[27] 提出的 4 个元度量以及本书提出的 1 个元度量。这些元度量用于衡量评价指标的性能[149]。为了公平比较，所有元度量都是在 ASD1000 数据集[34] 上计算的。非二值前景显著图（总共为 5 000 张）由 5 个显著性检测模型（包括 CA[150]、CB[151]、RC[5]、PCA[152] 和 SVO[153]）得到。作者在所有实验中设置 $\lambda = 0.5$ 和 $K = 4$。在单个线程 CPU（4GHz）上计算一张图像的结构度量，S-measure 的 Matlab 版本代码平均需要 5.3ms。

5.3.1 元度量 1：应用排序

评价指标应与使用前景图（SM）作为输入的应用程序的偏好一致。假设 GT 图是最适合应用程序的输入，先给定一个 SM，将应用程序的输出与 GT 的输出进行比较。SM 与 GT 显著图越相似，其应用程序的输出与 GT 的输出就越接近，如图 5.4 所示。

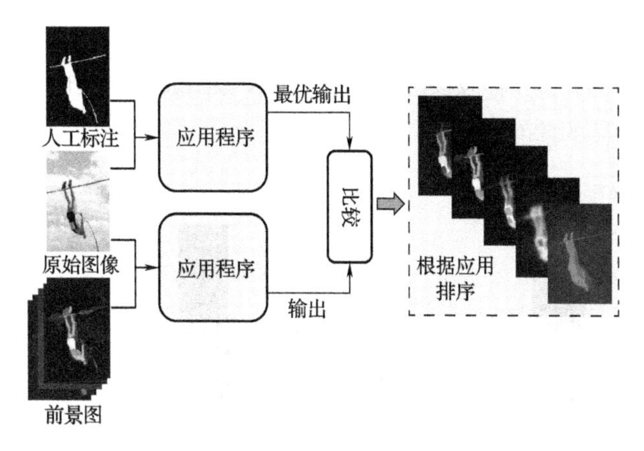

图 5.4 元度量 1：应用排序

注：根据应用来对前景图进行排序。先将人工标注显著图输入应用程序中，然后分别输入前景图，依次进行比较就得到了应用程序所需要的最优排序。如果前景图与人工标注越相近，那么输入应用程序中所得到的输出就越接近。

为了量化排序的准确性，作者使用 SalCut[5] 作为应用程序来执行此元度量。采用 1 -斯皮尔曼系数 ρ 的分数[154] 来度量评价指标的排序准确性，其中较小的值表示更好的排序一致性。不同指标之间的比较展示在图 5.5a 中，这表明本书提出的 S-measure 结构指标在其他可选的指标中具有最佳的排序一致性。

5.3.2 元度量 2：最新水平 vs. 通用映射图

如图 5.6 所示，第 2 个元度量为一个指标应该优先选择那些采用最先进算法得到的结果而不是那些没有考虑图像内容的通用的基准显著图（例如，中心高斯显著图），即一个良好的评价指标应该把由最先进的模型生成的 SM 排在通用显著图的前面。

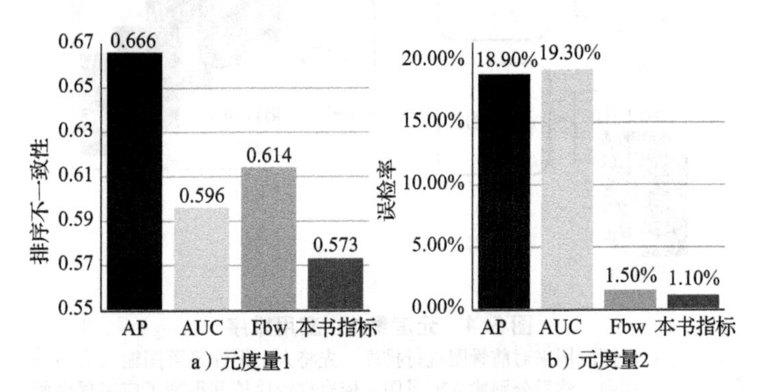

图 5.5　元度量 1 和元度量 2 的结果

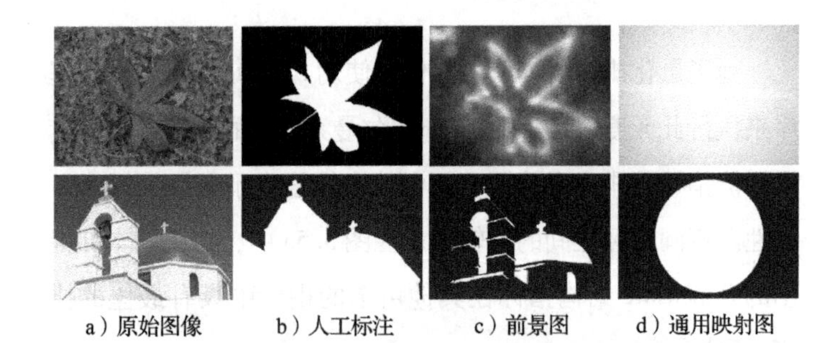

a）原始图像　　b）人工标注　　c）前景图　　d）通用映射图

图 5.6　元度量 2：最新水平 vs. 通用映射图

注：一个合理的指标应该赋予那些由最新水平的模型得出的前景图 c）更高的分数，而赋予那些没有考虑图像内容直接生成的通用映射图 d）更低的分数。非常遗憾的是，当前所有的评价指标都认为 d）比 c）与人工标注 a）更接近。唯独本书所提出的指标能够正确地将 c）排在 d）之前。

作者统计基准显著图得分高于由 5 个最先进模型（CA[150]、CB[151]、RC[5]、PCA[152] 和 SVO[153]）生成的显著图的平均分数的次数，平均分数象征着模型鲁棒性。结果展示在图 5.5b 中，数值越小越好。在 1 000 张图像测试中，本书的指标仅仅只有 11 个错误（即一般显著图胜过最先进算法得到的显著图的次数）。同样的测试中，AP 和 AUC 指标表现非常差，产生了大量的错误。

5.3.3 元度量 3：标准显著图替换

第 3 个元度量规定，当替换成错误的 GT 显著图时，“好”的 SM 不应该获得更高的分数，如图 5.7 所示。在 Margolin[27] 等人的文章中，当 SM 评分大于 0.5（用原始 GT 作为参考）时，SM 被认为是“好”的。在 5 000 张显著图中使用该阈值（0.5），有 41.8%被认为是“好”的。为了公平比较，作者和 Margolin 等人一样选择相同百分比的“好”显著图进行试验，对 1 000 张图像中的每一张图像都进行 100 次的随机 GT 显著图替换，然后统计当使用不正确的 GT 时，显著性图的分数指标增加的次数百分比。

图 5.8a 结果表明，分数越小，则指标匹配正确 GT 显著图的能力越强。本书的指标优于排名第 2 的指标 10 倍。这归功于该指标捕获了 SM 和 GT 显著图之间的物体结构相似性。由于物体结构在随机 GT 中发生变化，因此使用随机替换的

GT时，本书指标的度量值将为“好”的SM赋予较低的分数。

a）原始图像　b）前景图　c）人工标注　d）替换的人工标注

图5.7　元度量3：标准显著图替换

注：前景图b）的分数应该降低，如果把正确的参考c）替换成另外一个人工标注d）。然而，当把参考图像从c）替换为d）时，AUC以及AP两个指标都认为b）和d）更加接近，因此赋予了其更高的分数。用本书提出的指标，当参考图像从c）替换为d）时，前景图b）的得分下降了。

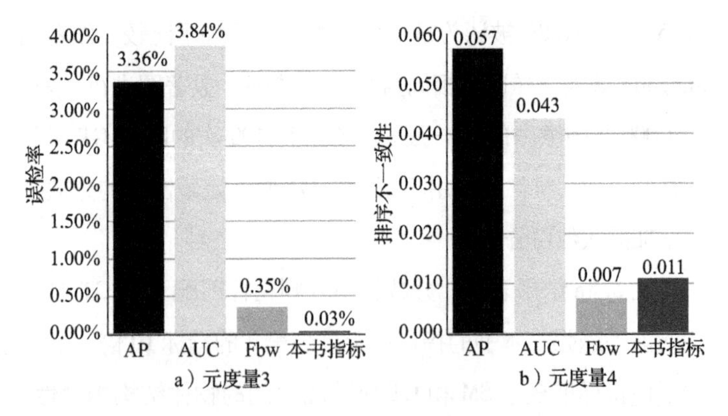

图5.8　元度量3和元度量4的结果

5.3.4 元度量4：标注错误

第4个元度量规定，评价指标不应对GT边界手工标注时的轻微错误或者不准确性过度敏感。为了执行这个元度量，作者通过使用文献［27］提到的形态操作对GT显著图做微小的改动。图5.9中展示了一个示例，a和b中的两个GT显著图几乎相同，所以在使用a或b作为参考标准时，指标不应该改变两个显著图之间的顺序，如图5.9所示。

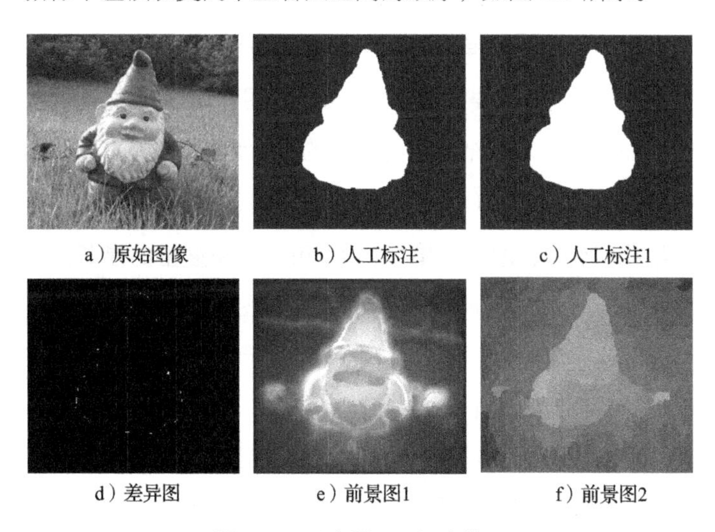

a）原始图像　b）人工标注　c）人工标注1

d）差异图　e）前景图1　f）前景图2

图5.9　元度量4：标注错误

注：一个好的评估指标不应该对轻微的错误标注太敏感。例如，人工标注b）和人工标注1c）之间的差异图为d），它们几乎是相同的。当前的指标都对排序非常敏感，分别利用b）和c）作为参考图像时，d）和e）的排序会发生变化。只有本书的指标对轻微的错误标记不敏感，能持续地赋予d）高于e）的分数。

作者使用 1 -斯皮尔曼系数来度量引入标注错误前后的排序相关性。分数越低，评价指标对注释错误的鲁棒性就越好[27]。结果展示在图 5. 8b 中。本书的指标优于 AP 和 AUC，但不是最好的。检查这一现象，作者意识到并不总是得分越低的评价指标越好。原因是有时“轻微”不准确的手动注释可能会改变 GT 的结构，从而改变排序。作者仔细检查了结构变化的影响。当 GT 显著图与其形态学变化版本之间的差异图具有连续大块区域时常常引起主要结构的变化。作者试图将差异图腐蚀后再进行求和并作为衡量结构变化的指标，然后根据这些求和结果来排序 GT 显著图。

在前 10% 求和结果变化最小的 GT 显著图中，本书的指标和 F_{β}^{ω} 具有相同的 MM4 分数（均为 0）。因此，当 GT 的拓扑结构不变时，本书的指标和 F_{β}^{ω} 可以保持度量的显著图排序不变。如图 5. 10 所示，虽然 GT 显著图与形态学操作的 GT 显著图略有不同，但是 F_{β}^{ω} 和本书的指标都能依据所用的 GT 而保持两个显著图排序不变。

在前 10% 求和结果变化最大的 GT 显著图中，作者邀请 3 位用户判断 GT 显著图是否具有重大的结构变化。100 个 GT 显著图中有 95 个被认为具有重大的结构变化（类似于图 5. 11，例如每组中的小棒、瘦腿、细长脚和细线），因此，作者认为保持排序不变是不合理的。图 5. 12 证明了这一观点。当使用 GT 显著图作为参考时，F_{β}^{ω} 和本书的指标都能正

确地排序这两个图。然而，当使用形态学操作后的 GT 显著

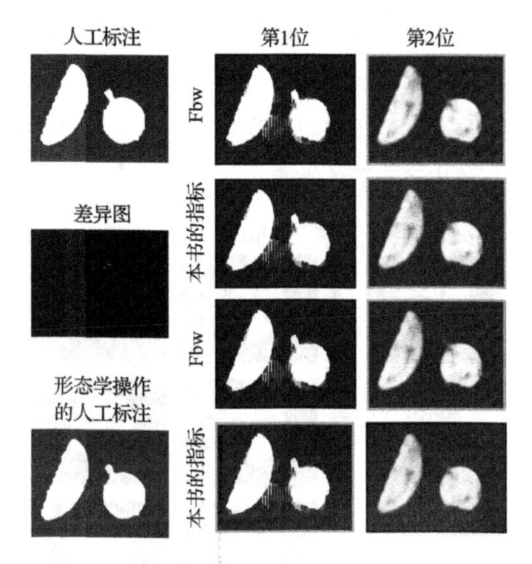

图 5.10 结构未改变的示例（本书的指标以及 F_{β}^{ω} 对由手工标注引起轻微标注不精确（结构未改变时）不敏感）

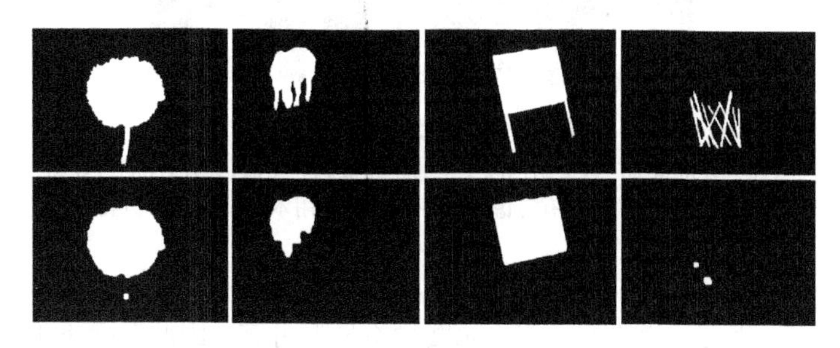

图 5.11 结构改变示例。第 1 行表示 GT 显著图，第 2 行是其相应的形态学操作后的结果

图作为参考时，排序结果就不同了。显然，从视觉和结构上看，浅灰色边框的 SM 比深灰色边框的 SM 更像形态学操作后的 GT 显著图。指标应该赋予蓝色边框的 SM 更高的分数。所以这两个显著图的排序应该改变。F_{β}^{ω} 未能达到此目的，而本书的指标给出了正确的排序。

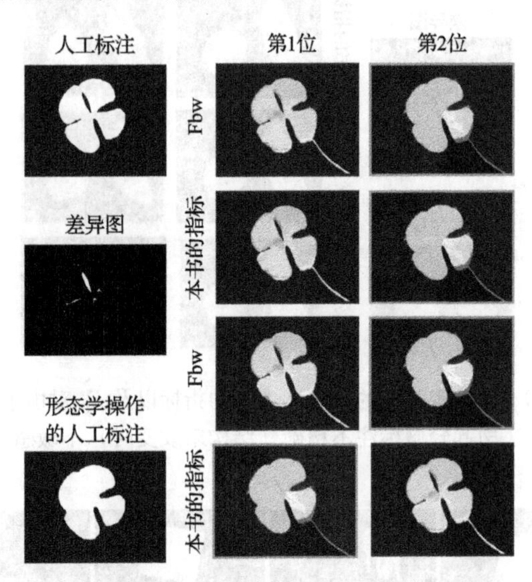

图 5.12　结构未改变的示例

注：评价指标应该对结构改变了的排序敏感。然而，当前性能最好的指标 F_{β}^{ω} 却没有考虑到这一特性。利用本书的指标可以得到正确的排序。

上述分析表明，这一元度量不是很可靠。因此在接下来的进一步比较的数据集中，这一元度量将被排除在外。

5.3.5 进一步比较

图 5.5 和图 5.8a 中的结果表明，在数据集 ASD1000 上进行的 3 个元度量实验，本书的指标均获得了最佳的性能。但是，一个好的评价指标应该能够在几乎所有数据集中表现良好。为了证明本书指标的鲁棒性，作者进一步在 4 个广泛使用的基准数据集上进行了实验，最后的实验结果见表 5.1。

表 5.1 当前指标在 3 个元度量上的定量比较

	PASCAL-S[39]			ECSSD[155]		
	MM1	MM2（%）	MM3（%）	MM1	MM2（%）	MM3（%）
AP	0.452	12.1	5.50	0.449	9.70	3.32
AUC	0.449	15.8	8.21	0.436	12.1	4.18
F_{β}^{ω}	0.365	7.06	1.05	0.401	**3.00**	0.84
本书的指标	**0.320**	**4.59**	**0.34**	**0.312**	**3.30**	**0.47**

	SOD[111]			HKU-IS[40]		
	MM1	MM2（%）	MM3（%）	MM1	MM2（%）	MM3（%）
AP	0.504	9.67	7.69	0.518	3.76	1.25
AUC	0.547	14.0	8.27	0.519	7.02	2.12
F_{β}^{ω}	0.384	16.3	0.73	0.498	0.36	0.26
本书的指标	**0.349**	**9.67**	**0.60**	**0.424**	**0.34**	**0.08**

注：最好的结果用**粗体**凸显出来。MM 为元度量。

数据集：使用的数据集包括 PASCAL-S[39]、ECSSD[155]、HKU-IS[40] 和 SOD[111]。PASCAL-S 包含 850 张具有挑战性的图像，有多个物体并且背景杂乱。ECSSD 包含 1 000 张具有语义信息但是结构复杂的图像。HKU-IS 是另一个大型数据集，其中包含 4 445 张大尺度图像，该数据集中的大多数图像包含多个显著性物体并且对比度低。最后，作者还对 SOD 数据集进行了评估，它包含相对较少数量的图像（300），但具有多个复杂物体。

显著性模型：作者使用 10 个最先进的模型，包括 3 个传统模型（ST[106]、DRFI[7] 和 DSR[105]）和 7 个基于深度学习的模型（DCL[49]、RFCN[52]、MC[48]、MDF[40]、DISC[53]、DHS[51] 和 ELD[50]）来测试本书的指标。

结果：表 5.1 中列出了结果。根据第 1 个元度量，本书的指标结果最好。这表明在实际应用中本书的指标比其他指标更有效。根据元度量 2，除了在 ECSSD 数据集中本书的指标排名第 2 以外，在其他数据集上本书的指标表现均优于现有的指标。对于元度量 3，本书的指标分别在 PASCAL、ECSSD、SOD 和 HKU-IS 中比排名第 2 的指标的错误率降低了 67.62%、44.05%、17.81%和 69.23%。这表明本书的指标具有较高的表达 SM 和 GT 图之间结构相似性的能力。总而言之，本书的指标在大多数情况下胜出，这清楚地表明本书的新指标比其他指标具有更强的鲁棒性。

5.3.6 元度量5：人的判别

在本节中，作者进一步提出一个新的元度量来评估前景评价指标。该元度量规定，一个评价指标对显著图的排序结果应该与人对显著图的排序结果一致。有学者认为[156]，“人类最适合衡量任何一个分割算法的输出”。然而，由于时间和货币成本，对数据集的所有图像进行主观评价是不切实际的。现有文献显示，没有符合这些要求的视觉相似度评估数据集。

原始的显著图收集：原始的显著图采集于3大数据集：PASCAL-S、ECSSD和HKU-IS。作者使用10个最先进的显著性模型来为每张数据集生成相应的显著图。因此，每张图像都有10个显著图。作者使用F_{β}^{ω}和本书的指标来评估这10张图，分别根据每个指标选择出排序第1的显著图。如果两个指标选择相同的显著图，则其排序距离为0。如果某个指标将一张显著图排第1，而另一个指标把这张显著图排列在第n的位置，那么它们之间的排序距离就是$|n-1|$。图5.13、图5.14和图5.15，展示了这两个指标的排名距离。方框表示每个排序距离下的图像数目。排序距离大于0的显著性图被选为本书开展用户调研的候选图。

用户调研：作者从3个数据集中随机选取了100对显著图。在图5.16b顶部展示了一个示例性试验，其中根据本书

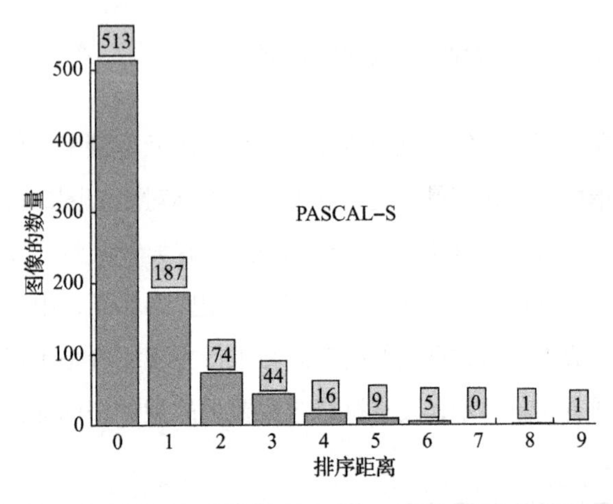

图 5. 13　PASCAL-S 数据集上，F_{β}^{ω}与本书的指标之间的排序距离

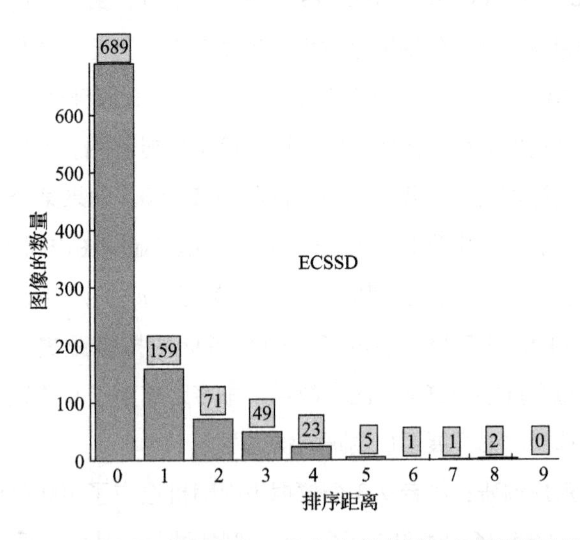

图 5. 14　ECSSD 数据集上，F_{β}^{ω}与本书的指标之间的排序距离

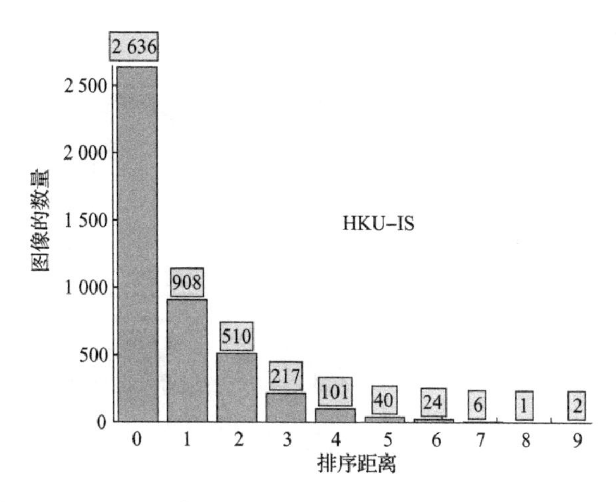

图 5.15 HKU-IS 数据集上，F_β^ω与本书的指标之间的排序距离

的指标选择的最佳显著性图在左边，根据 F_β^ω 选择的最佳显著性图在最右边。用户被要求选择他认为与 GT 最相似的显著图。在这个例子中，这两个显著性图显然是不同的，这使用户很容易做出决定。在另一个例子中（图 5.16b 中的底部），两个显著图太相似以至于受试者难以选择一个与 GT 最相似的显著图。因此，要避免向受试者展示这种情况。最后，作者留下了包含 50 对实验显著图的集合。作者开发了一个手机应用程序来进行用户调研。作者收集了来自 45 位观察者的数据，这些观察者不知道实验目的。观察者的视力正常或被矫正（年龄分布为 19~29 岁；教育背景从本科到博士；10 类专业，如历史、医药和金融；25 名男

性和 20 名女性）。

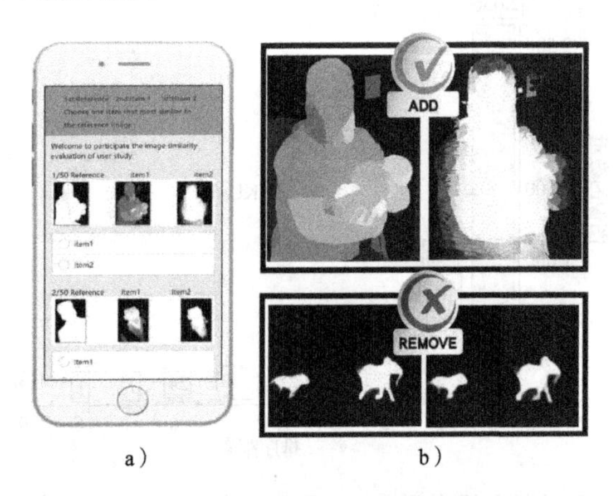

a） b）

图 5.16 本书的用户调研平台

结果： 结果在图 5.17 中展示。观察者偏好于本书的指标选择的显著图的次数百分比（对所有观察者的结果取平均）为 63.689%。作者用同样的方式做了另外两项用户调研实验（AP 与本书的指标比较，AUC 与本书的指标比较），结果分别是 72.11%和 77.133%。这意味着本书的指标选择更符合用户的选择。

5.3.7 显著性模型比较

确定了本书的指标能够更好地度量显著性物体检测模型，这里作者在 4 个数据集（PASCAL-S、ECSSD、HKU-IS 和 SOD）上比较 10 个最先进的显著性模型。图 5.18 展示了这10个模型的排名。根据本书的指标，按顺序来说最好的模型是dhsnet、DCL和rfcn。

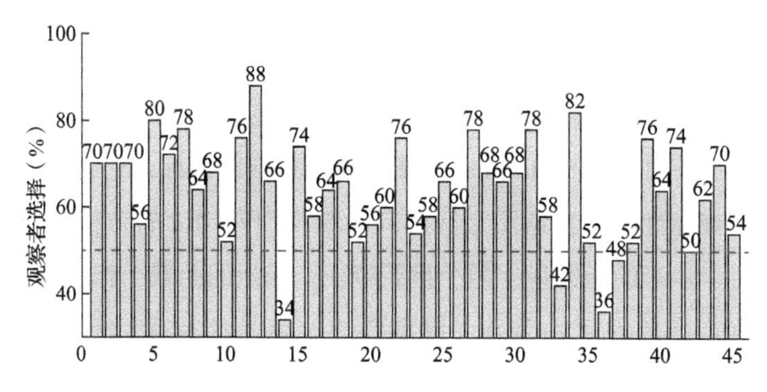

图5.17 本文的用户调查结果

注：x轴是观察者的id，y轴表示观察者选择了本书的指标所选显著图的实验次数百分比。

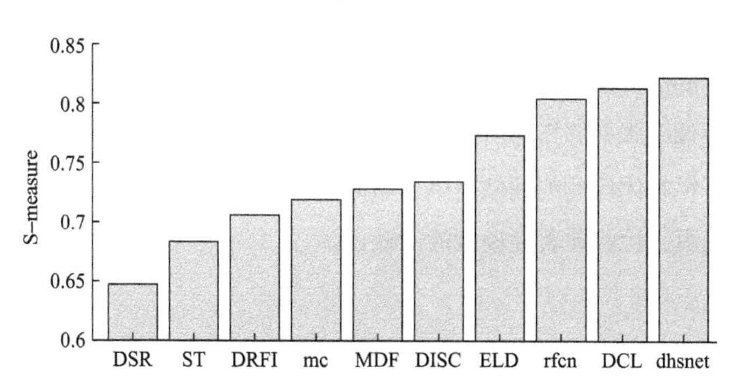

图5.18 用本书的新指标对10个显著性模型排序

注：y轴表示在每个数据集上的平均得分（PASCAL-S[39]、ECSSD[155]、HKU-IS[40]和SOD[111]）。

5.4 讨论和结论

在本章中，作者首先分析了当前显著性评价指标是基于像素误差的，并指出它们忽略了结构相似性。然后，作者提出了一种称为 S-measure 的新的结构相似性指标，它同时评估显著性图和真值图之间面向区域和面向物体的结构相似性。本书的指标基于两个重要特征，强烈的前景-背景对比和均匀的显著性分布。更重要的一点是该指标计算简单有效。

在 5 个数据集上的实验结果表明，本书的指标优于当前的 AP、AUC 和 F_{β}^{ω}。最后，作者在包含了 100 个显著图和 50 个 GT 显著图的数据集上进行了用户调研。来自 45 个受试者的数据表明，相对于 AP、AUC 和 F_{β}^{ω} 选择的显著图，用户更偏向本书的指标所选择的显著图。总之，本书的指标为显著性物体检测的评估提供了新的思路，而目前已有的指标未能真正检验显著性模型的优缺点。

第 6 章

基于局部和全局匹配的显著性物体检测评价指标

本章主要研究基于局部和全局匹配的显著性检测评价指标。6.1 节介绍背景知识、研究动机及解决方案概要；6.2 节介绍本章基于局部和全局匹配的显著性物体检测评价指标；6.3 节给出实验验证和结果分析；6.4 节是本章小结。

6.1 引言

6.1.1 背景知识

由于本章的内容和前一章的工作具有继承性，更多的背景知识介绍请读者参考第 5 章基于结构相似性的显著性检测评价指标的相关内容，这里不再赘述。

6.1.2 研究动机

尽管二值映射图的评价已经取得一定的成功，但是仍然存在诸多问题。如图5.6所示，当前的评价指标倾向于选择通用的映射图而不是当前最好模型得到的映射图。就连在非二值映射图中表现良好的S-measure也在某些情况下表现逊色。由于在非二值映射图中，每个像素点的取值范围为［0，1］之间的实数，因此S-measure计算亮度比较、对比度比较和离差率是奏效的。但是在二值映射图中，由于像素点的值非0即1，那么采用二值映射图指标S-measure来评测非二值映射图就会存在定义不明确的问题，从而导致评价不准确的问题。

认知视觉研究表明，人类视觉系统对场景中的结构（如全局信息和局部细节）高度敏感。因此，在评估前景图（FM）和人工标注图（GT）之间的相似性时，同时考虑局部信息和全局信息是很重要的。

基于上述观察，作者设计了一种适合评价二值映射图的新指标。本书的方法在二值图上有明确的定义，并且通过一个紧凑的表达式同时考虑了局部像素值和图像级平均值，这有助于联合捕获图像级统计和局部像素匹配信息。实验表明，在二值映射图的评估上，本书的评价指标优于当前已有的评价指标。

6.1.3 解决方案概要

图6.1展示了二值前景分割模型和随机高斯噪声图的输

出。虽然前景图与手工标注图非常接近，但是迄今为止，最常用的评价指标（如 IOU[104]、F1、JI[107]）以及 2014 年提出的 F_{β}^{ω}[27] 和 2015 年提出的 VQ[109] 都认为噪声图比估计的映射图更好。这是本书要解决的问题，为此作者提出了比现有方法更好的新指标。

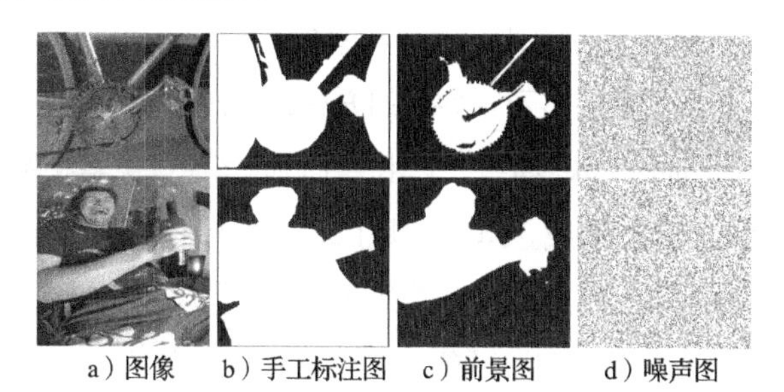

a）图像　b）手工标注图　c）前景图　d）噪声图

图 6.1　当前评价指标的不合理性

注：一个合理的评价指标应该赋予由最先进（SOTA）算法生成的前景图 c）比噪声图 d）更高的分数。然而，目前常用的指标 IOU[104]、F1/JI[107]、F_{β}^{ω}[27]、CM[108] 以及 VQ[109] 都更喜爱噪声图。只有本书的评价指标正确地将 c）排在 d）之前。

比较二值前景图与人工标注的映射图（GT）在各种计算机视觉任务中是最基本的步骤，例如图像检索[157]、图像分割[137]、对象检测和识别[132,158]、前景提取[159] 以及显著性物体检测[6,55]，这样的比较对于判别哪个模型更好至关重要。

F_{β}[110]、Jaccard Index（JI）[107] 以及 Intersection Over Union（IOU）[104] 是目前使用最广的 3 个二值前景图评价指标。除了这 3 个常见的指标，其他学者也基于 F_{β}[27,109,160] 提出了一系列指标，见文献［108，161，162］。但是，所有这

些评价指标都采用了像素相似性的方法来评估二值前景图，而忽略了结构相似性的评价。Fan 等人[65] 提出了一种基于结构相似度的评价指标，该指标在非二值显著图的评价上得到了广泛的应用。但是，这一指标的设计初衷是基于非二值显著图的特征得到的，并且其中的一些度量项（如均值分布）在二值显著图的评价中并不适合。

作者在这里提出了一种新的方法，叫作 E-measure（Enhanced-alignment measure），它由一个同时考虑了像素和图像级别属性的表达式组成。作者证明了该方法是评估二值前景图的一种有效且高效的方式。为了说明这个概念，本书在图 6.2 中展示了一个例子。在用颜色（蓝色、红色和黄色）框标记的 3 个前景图与手工标注图的评估中，相比 3 个最新的评价指标 F_{β}^{ω}[27]、VQ[109] 和 CM[108]，只有本书的评价指标同时考虑了结构信息与全局形状信息，因此能够正确地对 3 个前景图进行排序。作者通过考虑图像级统计（前景图的平均值）和像素级匹配来实现这一点。本书的方法（将在 6.3 节中详细描述）可以正确地对预测的分割图进行排序。本章的主要贡献如下：

- 作者提出了一个简单的方法，仅通过一个紧凑项就能够同时捕捉图像级别统计信息和像素级别匹配信息。在 4 个流行数据集上使用 5 个元度量方法证明了本书的评价指标性能显著地优于传统评测指标，如 IOU、F1/JI、CM 以及 S-measure、VQ 和 F_{β}^{ω}。
- 为了评估这些评价指标，作者还提出了一个新的元度量（最先进 vs. 随机噪声），并建立了一个新的数据集。该数据集包含了555张由人进行排序的二值前景图。作者使用这个数据集来检查当前评价指标与人类判断之间的排序一致性。

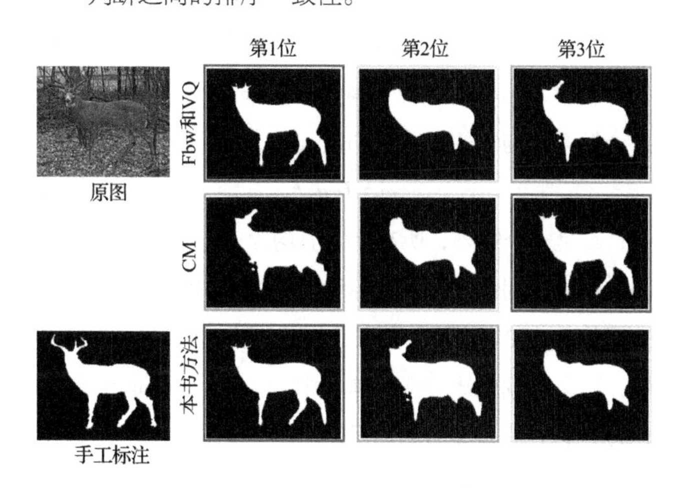

图 6.2 证明本书方法的有效性（见彩插）

注：由 DCL[49]、RFCN[52] 和 DHS[51] 3 个最先进的显著对象检测模型生成的二值前景图（阈值后）的排名。3 种常用的、不同类型的评价指标方法（CM、F_{β}^{ω} 和 VQ）都无法正确排列前景图。但是，本书的方法给出了正确的顺序。

6.2 E-measure 指标

本节将解释本书评估二值前景图的新方法的细节。本书方法的一个重要优势是其简单性，因为它包含一个同时捕获**全局**

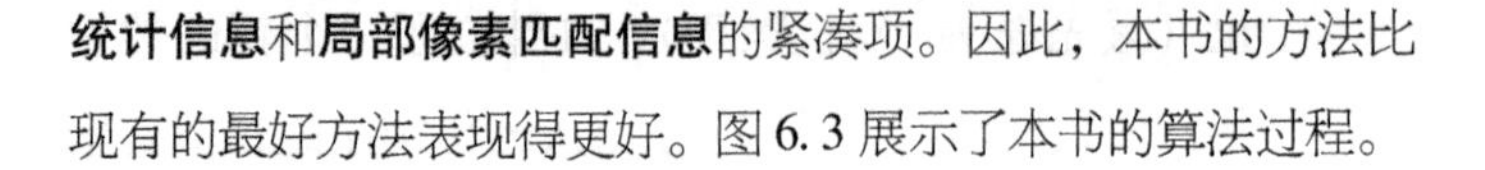

统计信息和**局部像素匹配信息**的紧凑项。因此，本书的方法比现有的最好方法表现得更好。图6.3展示了本书的算法过程。

6.2.1 局部项

为了设计一个同时捕捉全局统计信息和局部像素匹配信息的紧凑项，作者定义一个*偏差矩阵* $\boldsymbol{\varphi}$ 作为输入二值映射 $\boldsymbol{I}$ 的每个像素值与它的全局平均值 μ_I 之间的距离：

$$\boldsymbol{\varphi}_I=\boldsymbol{I}-\mu_I\mathbb{A} \tag{6.1}$$

其中，$\mathbb{A}$ 是一个矩阵，所有元素值均为1，它的尺寸与输入 $\boldsymbol{I}$ 相同。作者分别为二值手工标注图GT和二值前景图FM计算偏差矩阵 $\boldsymbol{\varphi}_{\mathrm{GT}}$ 和 $\boldsymbol{\varphi}_{\mathrm{FM}}$。$\boldsymbol{I}\in\{\mathrm{GT},\mathrm{FM}\}$。通过从信号中去除平均强度，可以将偏差矩阵视为信号中心。它可以消除由于内在变化过大的数值差异引起的误差。

本书的偏差矩阵与亮度对比度有很强的关系[147]。因此，作者将 $\boldsymbol{\varphi}_{\mathrm{GT}}$ 和 $\boldsymbol{\varphi}_{\mathrm{FM}}$ 之间的相关性（Hadamard乘积）视为量化偏差矩阵相似性的简单有效的度量。作者将**对齐矩阵** $\boldsymbol{\xi}$ 定义如下：

$$\boldsymbol{\xi}_{\mathrm{FM}}=\frac{2\boldsymbol{\varphi}_{\mathrm{GT}}\circ\boldsymbol{\varphi}_{\mathrm{FM}}}{\boldsymbol{\varphi}_{\mathrm{GT}}\circ\boldsymbol{\varphi}_{\mathrm{GT}}+\boldsymbol{\varphi}_{\mathrm{FM}}\circ\boldsymbol{\varphi}_{\mathrm{FM}}} \tag{6.2}$$

$\circ$表示Hadamard乘积，对齐矩阵 $\boldsymbol{\xi}_{\mathrm{FM}}$ 具有如下属性：$\boldsymbol{\xi}_{\mathrm{FM}}(x,y)\geqslant 0$，仅当 $\boldsymbol{\varphi}_{\mathrm{GT}}$ 和 $\boldsymbol{\varphi}_{\mathrm{FM}}$ 符号相同时，两个输入在 (x,y) 的位置处对齐。对齐矩阵的元素值考虑了全局统计信息，即全局的均值。这些属性使式（6.2）符合本书的目标。

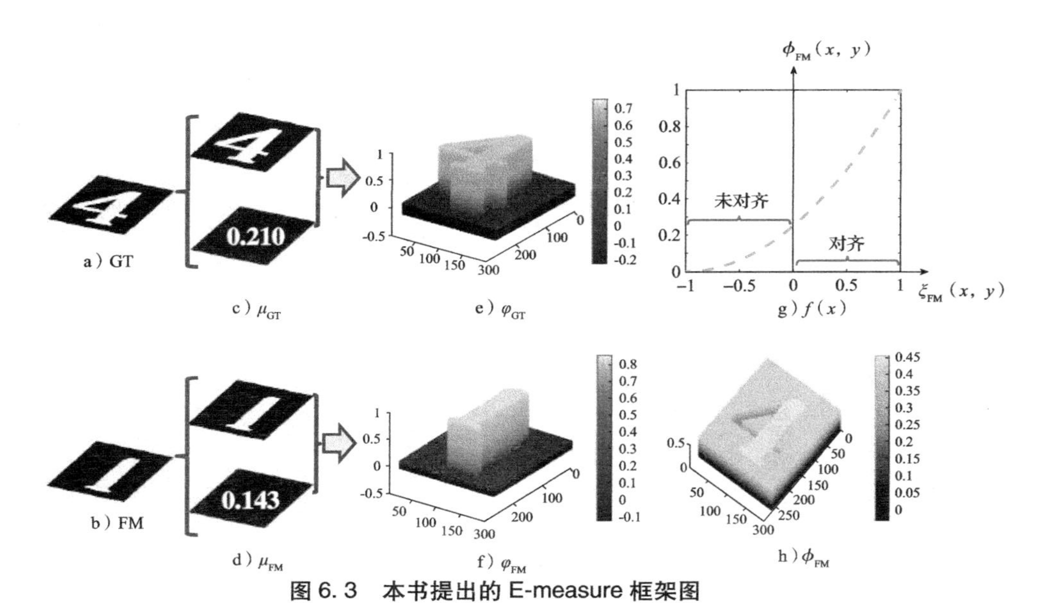

a）GT

b）FM

c）μ_{GT}

d）μ_{FM}

e）φ_{GT}

f）φ_{FM}

g）$f(x)$

h）ϕ_{FM}

图 6.3　本书提出的 E-measure 框架图

注：a）手工标注图，也叫人工标注图 GT。b）前景图 FM。c）和 d）是 GT 和 FM 的均值。e）和 f）是由式（6.1）计算的偏差矩阵。g）是非线性映射函数。h）根据式（6.2）计算的对齐矩阵。“对齐”和“未对齐”分别表示 GT（x；y）= FM（x；y）和 GT（x；y）≠ FM（x；y）时的位置。

6.2.2 局部全局匹配项

$\boldsymbol{\xi}_{FM}(x,y)$ 的绝对值取决于$\boldsymbol{\mu}_{FM}$ 和$\boldsymbol{\mu}_{GT}$ 的相似性。当两张图像高度相似时，$\boldsymbol{\mu}_{FM}$ 和$\boldsymbol{\mu}_{GT}$ 之间的进一步相似性可能会增加对齐位置的正值，并减少未对齐位置的负值。将$\boldsymbol{\xi}_{FM}(x,y)$ 每个位置的值叠加后得到的总数并不总是提升，因此不符合本书的期望（期望提升）。因此，这里需要引入一个映射函数来抑制负值（$\boldsymbol{\xi}_{FM}(x,y)\leqslant 0$）区域的减少（这意味着具有较小的微分值），并且增强正值的增加（$\boldsymbol{\xi}_{FM}(x,y)\geqslant 0$）区域。

为了实现这一目标，需要用到“凸函数”。作者也测试了其他形式的映射函数，如高阶多项式或三角函数，但发现二次型（$f(x)=\frac{1}{2}(1+x)^2$，如图 6.3g 所示）是一个简单且有效的函数，在本书的实验中效果最好。在这里，作者用它来定义**增强的对齐矩阵 $\boldsymbol{\phi}$**，表示如下：

$$\boldsymbol{\phi}_{FM}=f\ (\boldsymbol{\xi}_{FM}) \tag{6.3}$$

6.2.3 局部全局匹配指标

使用**增强的对齐矩阵 $\boldsymbol{\phi}$** 来捕获二值映射的两个属性（像素级匹配和图像级统计），作者将最后的 E-measure 定义为：

$$Q_{FM}=\frac{1}{wh}\sum_{x=1}^{w}\sum_{y=1}^{h}\boldsymbol{\phi}_{FM}\ (x,\ y) \tag{6.4}$$

其中 h 和 w 分别是映射图的高度和宽度。使用此方法来评估图6.1中的前景图（FM）和噪声，本书指标的排序结果和应用程序的排序结果一致（见下文）。

6.3 实验验证

在本节中，作者在4个公共的显著物体检测数据集上比较了本文的E-measure方法与5个最先进的方法的二值前景图评估结果。代码见https://github.com/DengPingFan/E-measure。

6.3.1 元度量

为了测试评价指标的性能，作者使用了元度量方法，其基本思想是定义一些关于评价指标的理想标准，并评估这些指标满足这些标准的程度[149]。作者利用文献［27，65，149］中提出的4个元度量，以及作者在本书提出的一个新的元度量（见6.3.5小节）。表6.1列出了所有的结果。

表6.1 E-measure与当前评价指标在4个元度量上的定量比较

Measure	PASCAL			ECSSD		
	MM1	MM2	MM3	MM1	MM2	MM3
CM	0.610	49.78%	100.0%	0.504	34.62%	100.0%
VQ	0.339	17.97%	15.32%	0.294	7.445%	6.162%
IOU/F1/JI	0.307	9.426%	5.597%	0.272	4.097%	1.921%

（续）

Measure	PASCAL			ECSSD		
	MM1	MM2	MM3	MM1	MM2	MM3
F_{β}^{ω}	0.308	5.147%	4.265%	0.280	2.945%	1.152%
S-mcasure	0.315	**2.353%**	0.000%	0.279	1.152%	0.000%
本书的指标	**0.247**	3.093%	**0%**	**0.247**	**0.641%**	**0%**

Measure	SOD			HKU		
	MM1	MM2	MM3	MM1	MM2	MM3
CM	0.723	29.89%	56.22%	0.613	25.26%	100.0%
VQ	0.335	9.143%	14.05%	0.331	3.067%	1.800%
IOU/F1/JI	0.342	4.571%	6.857%	0.303	0.900%	0.197%
F_{β}^{ω}	0.361	6.286%	5.714%	0.312	0.535%	0.083%
S-mcasure	0.374	1.714%	0.000%	0.312	0.141%	0.000%
本书的指标	**0.273**	**0.571%**	**0%**	**0.274**	**0.084%**	**0%**

注：最好的结果用**粗体**高亮显示。MM 为元度量。下列差异的统计意义在 $\alpha<0.05$ 级别。

6.3.2 数据集和模型

使用的数据集包括 PASCAL-S[39]、ECSSD[155]、HKU-IS[40]和 SOD[111]。作者使用了 3 个传统的模型（ST[106]、DRFI[7] 和 DSR[105]）和 7 个基于深度学习的模型（DCL[49]、RFCN[52]、MC[48]、MDF[40]、DISC[53]、DHS[51] 和 ELD[50]）生成非二值图。为了进一步得到二值映射图，作者使用图像相关的自适应阈值方法（阈值为非二值图的平均值的 2 倍）得到非二值图。

6.3.3 元度量1：应用排序

第1个元度量描述的是评价指标对二值图的排序结果应该与应用程序的排序结果相一致。图6.4说明了应用程序是如何对二值图进行排序的。假设手工标注的映射图GT输入应用程序中得到的结果为最优结果，接着将一组待评估的映射图输入应用程序中，每一张映射图都会得到应用程序反馈的输出结果。依次对比最优结果与反馈结果就可以得到应用程序对这组映射图的排序，如果输入的映射图与手工标注的映射图GT越相近，那么应用程序所反馈的输出结果将越接近。

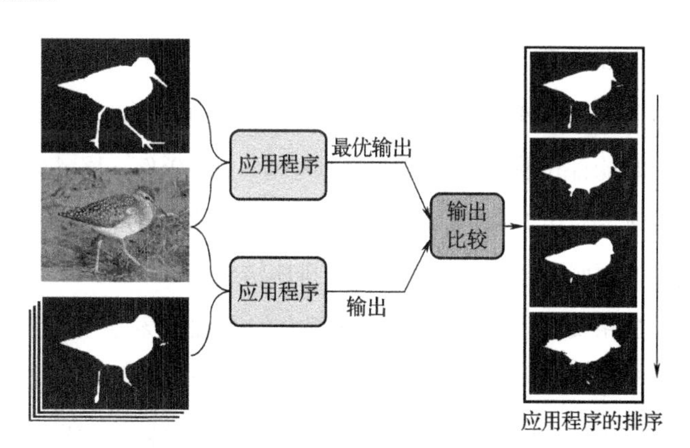

图6.4 应用排序示例

注：根据应用程序对前景图进行排序时，首先使用GT输入应用中，再把FM也输入应用中，然后对比两者的输出结果。FM前景图与GT越相似，其应用程序输出的结果将越接近。

正如 Margolin 等人[27] 所声称的那样，图像检索、对象检测和分割这几个应用程序作为应用来测试指标的性能时，得到的结果都是相似的。为公平比较，作者使用基于上下文的图像检索作为 Margolin 等人提及的应用来执行这个元度量。作者在下文**应用实现**部分提到了此应用程序的实现，其他应用程序的实现方式与之相似。

作者使用 $\theta=1-\rho$[154] 分数来评估评价指标排序和应用程序排序之间的相关性。θ 的值落在范围［0，2］中。0 意味着评价指标的排序结果和应用的排序结果是相同的，2 表示完全相反的排序结果。

从表 6.1 中可以看到，本书的方法相对于当前流行的评价指标性能有极大提升。本书的评价指标在 PASCAL-S[39]、ECSSD[155]、SOD[111] 和 HKU-IS[40] 数据集上的性能分别比现有最好的评价指标性能提高了 19.65%、9.08%、18.42% 和 9.64%。图 6.2 中的示例很好地揭示了作者提出的评价指标是如何更好地预测出应用程序的排序结果。

应用实现。该应用基于上下文的图像检索系统，查询图像数据集[163] 中最相似的图像，相似性由诸如颜色直方图、颜色和边缘方向性描述符（CEDD）等各种特征确定。作者用 LIRE[163] 和 CEDD 特征对二值前景图进行加权。

首先，为了忽略背景并获得前景特征，作者将图像与其 GT 图或 FM 图组合起来（图 6.5a～d）生成组合的 GT 图像或

FM 图像。组合图像用 $\mathrm{GT}_{combine}=\{G_1,\cdots,G_n\}$ 和 $\mathrm{FM}_{combine}=\{F_1,\cdots,F_n\}$ 表示。其次，对于每个组合的图像，作者使用 LIRE 系统检索出前 100 张最相似组合图像的列表。这些图像列表是预先从最相似到最不相似进行排序的。GT 输出 $\mathrm{GTout}_i=\{G_{1-i},\cdots,G_{100-i}\}$ 使用组合 GT（比如 G_i）时返回的有序列表 $\mathrm{GTscore}_i=\{\mathrm{GT}s_{1-i},\cdots,\mathrm{GT}s_{100-i}\}$。这里的得分表示搜索图像和查询图像之间的相似度。同样地，对于每张 FM 图，通过系统可以得到 $F\mathrm{out}_i=\{F_{1-i},\cdots,F_{100-i}\}$ 和 $F\mathrm{score}_i=\{Fs_{1-i},\cdots,Fs_{100-i}\}$。最后，令 $I_i=\{\mathrm{GTout}_i\cap F\mathrm{out}_i\}$，在 $F\mathrm{out}_i$ 中搜索 F_k 等于 G_i 的情况，如果 F_k 存在，则表明 $G_i\in F\mathrm{out}_i$，可得到索引 k 以及相应的得分 Fs_{k-i}。每个 FM 的分数 S_i 为：

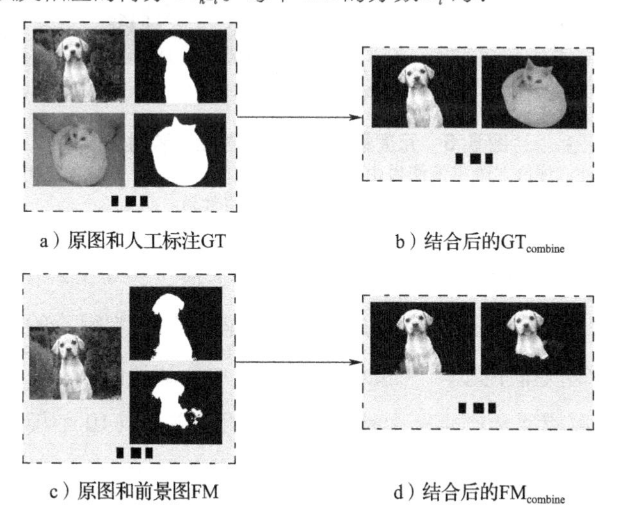

图 6.5 组合图像与其前景映射图

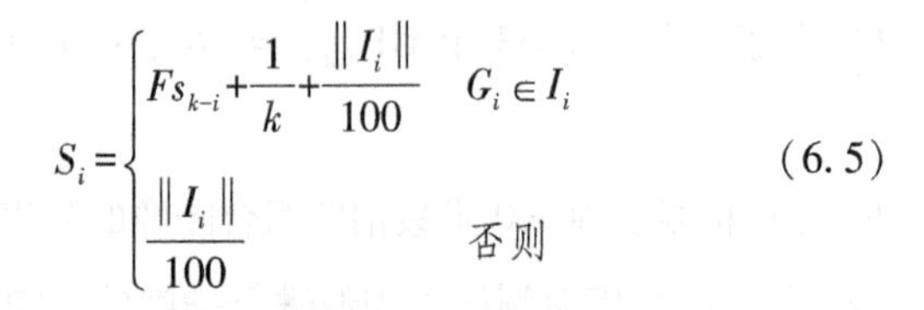

$$S_i=\begin{cases}Fs_{k-i}+\dfrac{1}{k}+\dfrac{\|I_i\|}{100} & G_i\in I_i\\ \dfrac{\|I_i\|}{100} & \text{否则}\end{cases}\tag{6.5}$$

6.3.4 元度量 2：最先进 vs. 通用映射图

第 2 个元度量描述的是评价指标应该为由最新模型生成的映射图赋予更高的分数，而赋予那些没有考虑图像内容的通用映射图较低的分数。作者使用 1 个中心圆作为通用映射图。如图 6.6 所示，前景图 c 相对 d 应该被赋予更高的分数。

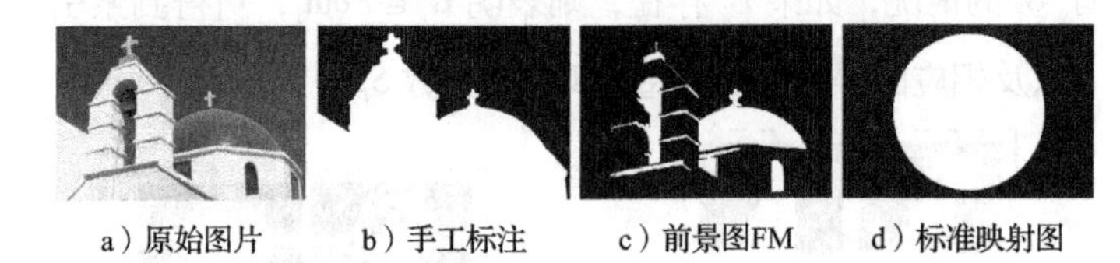

a）原始图片　b）手工标注　c）前景图FM　d）标准映射图

图 6.6　元度量 2：最先进对通用映射图

注：评价方法应该使得由最新模型生成的 FM（图 6.6c）比不考虑图像内容的通用映射图（图 6.6d）得分高。

作者统计了一张通用映射图的得分高于在 6.3.2 节中提及的 10 个最先进模型生成的映射图得到的平均得分的次数作为错误排序比率。正如文献［27］中所建议的那样，考虑到某些模型会产生一个糟糕的映射图结果，取 10 个模型的平均得分是为了提高评价的鲁棒性。如果 10 张映射图的评分都高于一个阈值，则视为“好的”映射图。基于此，作者选择了数据集中约80%的“好的”映射图来进行这一元度量的实验。元度量得分越低，评价方法表现的效果就越好。除了在PASCAL-S数据集外，本书的评价指标在ECSSD、SOD和HKU-IS数据集上都胜过其他评价指标。

6.3.5 元度量3：最先进vs.随机噪声

本书的第3个元度量所依据的性质是评价指标应该偏好于最先进模型生成的映射图的平均值而不是随机噪声图。

作者采用与元度量2相似的实验来进行元度量3的实验，但是这次作者使用高斯随机噪声图替代了6.3.4小节中的通用映射图。由于考虑到局部像素匹配和全局统计，本书的方法达到了最好的性能。值得注意的是，如6.3.4小节中所述，某个最先进模型生成的FM可能出现偶然的错误，所以最先进模型的结果考虑的是平均得分，这样可以提高这一元度量实验的鲁棒性。实验结果表明，只有本书的方法和S-measure达到了最低的错误排序率。

6.3.6 元度量4：人为排序

第4个元度量考察的是评价指标与人为排序之间的相关性。据作者所知，在此之前没有人为排名的二值前景映射图数据集。为了创建这样一个数据集，作者在PASCAL-S[39]、SOD[111]、ECSSD[155]和HKU-IS[40]这4个数据集中随机选择根据元度量1中的应用程序排序过的显著图。接着，让10名受试者对这些映射图进行排序，并保留那些所有受试者赋予了一致性排序的显著图。作者将本书的数据集命名为 FMDatabase[⊖]，它包含了 185 张图像。每张图像都有 3 张由不同算法生成的映射图（共 555 张图）。人为排序如图 6.7 所示。

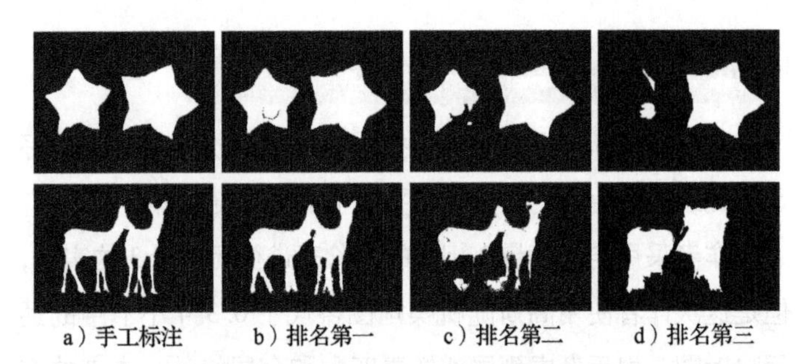

图 6.7　元度量 4：人为排序。示例图像来自本书新创建的 FMDatabase

为了定量评估人类排序和评价指标排序之间的相关性，作者同样使用 θ 分数（在元度量 1 中提到的）来检验这个元度量。得分越低，说明评价指标与人的排序结果越一致。从图 6.8 结果可以看出，本书的指标胜过其他指标。数值越小，评价指标和人的主观排序越一致，具体性能表现为：CM 指标为 1.492，VQ 指标为 0.161，IOU/F1/JI 指标为 0.124，F_{β}^{ω} 指标为 0.149，S-measure 指标为 0.140，本文指标为 0.121。图 6.2 举例说明了本书的评价指标如何预测人类排序偏好的。

⊖　https://drive.google.com/file/d/18tV4Fn8SZrVA5GunPpGbM_uabzDEEayZ/view。

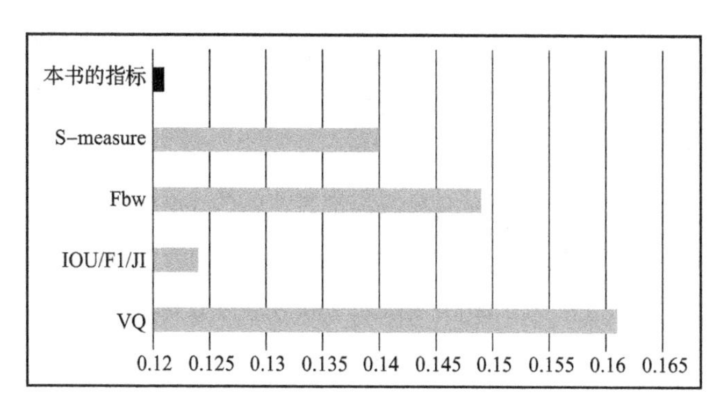

图 6.8　人为排序实验结果

6.3.7　元度量 5：手工标注图替换

第 5 个元度量表达的是，在评估一张前景图时，如果使用了错误的 GT 图，原来评价为“好”的映射图的分数应该降低。为了找到“好”的标准，作者分析了 4 个流行的数据集（PASCAL、SOD、ECSSD 和 HKU）。统计结果表明，当一个映射图的 F1 值大于 0.8 时，就是一个“好”的映射图。如图 6.9 所示。

a）原始图片

b）前景图FM

c）手工标注

d）替换的手工标注

图 6.9　元度量 5：手工标注图替换。评价指标应该使用正确的手工标注图 c）作为参考，而不是使用随机切换的手工标注图 d），为“好”的映射图 b）给予更高的分数

为了公平比较，与 Margolin 等人[27] 的计算方式相同，作者在这里统计一个评价指标在使用错误的 GT 时获得较高分数的次数的百分比。

结果显示，所有的评价指标都表现出色（4 个数据集的平均结果为：VQ[109] 为 0.000925%，CM[108] 为 0.001 675%，IOU/JI/F1[107] 为 0.001 4%和本书的方法为 0.052 3%）。本书的方法相对于其他方法有 0.05%的差距。

6.4 讨论和结论

在本章中，作者分析了基于像素、区域、边界和对象等不同层次的二值前景评价指标。它们被划分为两大类型：第一，考虑像素级错误；第二，考虑图像级别的错误。为了解决这个缺点，本书提出了同时考虑这两种错误类型的评价指标 E-measure。作者采用 5 个元度量在 4 个流行的数据集上，通过大量的实验证明了本书的方法比当前的方法更有效。最后，作者创建了一个新的数据集（740 张映射图），它由 185 张人工标注映射图和 555 张经人眼排序过的映射图组成，数据集用以检验评价指标与人类判断之间的相关性。

局限性：与本书的指标相比，S-measure 主要用于解决结构相似性问题。PASCAL 数据集中的图像比其他 3 个数据集（ECSSD、SOD、HKU-IS）具有更多结构对象。因此，S-measure 在 PASCAL 数据集略优于本书的方法。图 6.10 给出了一个失败案例。

a）原始图片

b）手工标注

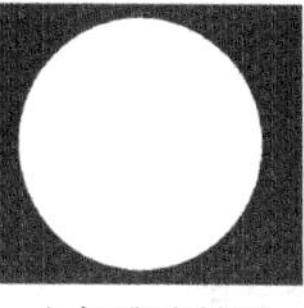
c）标准映射图

d）RFCN结果

图 6.10 E-measure 在 MM2 上的失败案例。由于忽略了语义信息，E-measure 将 c）排名高于 d）

未来的工作：在未来的工作中，作者将研究基于 E-measure 提出新的分割模型的可能性。此外，本书的评价指标由简单的可导函数组成，可以开发基于 E-measure 的新的损失函数[164]。

第 7 章

总结与展望

本书研究的核心内容是人类认知规律启发的图像视频场景中显著性物体的智能感知技术与评测标准规范制定，研究方法是显著性物体检测技术建模与评价指标设计，主要的研究成果包括富上下文环境下图像视频显著性物体检测数据集、基于深度学习的视频显著性物体检测模型以及基于人类认知规律的显著性物体检测模型的评价指标。作者将本书的研究成果应用到图像和视频显著性物体检测领域，构建了两个当前国际上规模最大的、最具挑战性的公开测评数据集；提出了实时显著性物体智能检测模型，并在视频处理中得以应用，取得了很好的效果；提出了两个最新的显著性物体检测评价指标，这些指标的评价结果与人类感知排序结果最接近。

7.1 工作总结

人工智能已经成为当今科技领域的主题之一。一方面，人工智能技术的发展以深度学习技术为核心。另一方面，人工智能内容的发展以图像视频信息的识别、检测和分割为典型代表。因为人脑获取信息的80%以上来自视觉通路，视觉是人类进行智能活动的重要基础。随着5G网络的兴起、社交媒体的快速发展，图像和视频自然而然地成为传递视觉信息的最直接媒介。在这样的大环境下，让机器系统具备类似于人类一样强大的视觉信息获取与处理能力并围绕核心技术构建一个标准规范的评价体系是一个重要的研究课题。

本书首先介绍了显著性物体检测技术产生和发展的背景，并对新时期显著性物体检测技术所面临的主要问题和发展机遇进行了简单的分析；然后结合本书的研究内容，对显著性物体检测技术中的几个重要研究方向进行了介绍，并回顾了相关的研究工作。这些研究方向包括图像和视频显著性物体检测数据集、视频显著性物体检测技术、基于非二进制前景图的显著性物体检测技术评价指标和基于二进制前景图的显著性物体检测技术评价指标。

第2章从图像领域、视频领域和综合评价体系三个方面，分别介绍“图像显著性物体检测”“视频显著性物体检测”“非二进制显著性物体检测评价指标”“二进制显著性物体检测评价指标”这四个类别下的相关研究。

第3章针对基于深度学习的显著性物体检测（Salient Object Detection，SOD）模型提出了一套综合评估方案并构建了一个开放环境下的显著性物体检测数据集。本章的工作主要受到两个观察的启发。首先，现有的SOD数据集在数据收集过程或数据质量方面存在缺陷。具体而言，大多数数据集假设图像至少包含一个显著性物体，因此它们丢弃了那些不包含显著性物体的图像。作者将其称为**数据选择偏见**。此外，现有数据集主要包含具有单个物体的图像或简单环境下的多个物体（通常是人）。因此，为了解决这一问题，有必要构建更接近真实环境的数据集。本书的工作明确了全面和平衡的数据集应该满足的7个重要方面，从而构建了高质量的、开放环境下的显著性物体检测数据集（Salient Object in Clutter，SOC）。其次，在现在的数据集上，研究者只能分析模型的整体性能，这些数据集都缺乏反映现实场景中所面临的各种挑战。为此，作者进一步为数据集中的每张图像引入能反映不同挑战的属性标签，这有助于①更深入地了解SOD问题，②研究SOD模型的优缺点，③从不同的角度客观地评价模型的性能，因为对不同的应用来说，其评价结果可能是不同的。SOC数据集为显著性物体检测模型提供了一个更贴近真实环境的公开测试集，并在多个方向上拓宽了相关研究的可行性，如显著性物体的感数、实例级显著性物体检测、基于弱监督的显著对象检测等。同时，这项工作评估的结果为未来的模型开发和模型比较开辟了充满希望的新方向。

在第4章，本书提出了一种基于注意力转移机制的视频显著性物体检测（Video Salient Object Detection，VSOD）模型。注意力转移机制是人类视觉系统中特有的功能，在智能检测系统中有着广泛的应用。然而，这样一个普适性的机制却长期被学者们忽视了。作者将注意力转移机制有机地融合到模型中，首次设计了一种新的卷积神经网络架构，它高效地利用了静态卷积网络、金字塔扩展卷积网络、长短期记忆网络和注意力转移感知模块的特点，对于真实的应用场景更具实际意义。在全球最大规模的 4 个评测数据集上，该模型的检测结果均优于当前最好的 VSOD 模型，并且达到了实时处理的速度，这将使得一系列基于视频物体检测的应用受益。为了进一步验证该算法能够有效地处理注意力转移现象，作者首次构建了一个包含了超过 200 个视频，近 24 000 张（大约是当前所有 VSOD 数据集图像数量总和的 2 倍）像素级别标注的数据集，并在此数据集上将本书的模型与 17 种（包括传统方法和基于深度学习的最新模型）模型进行定量比较，实验结果再次验证了本书新提出的模型的泛化性和鲁棒性。

在第 5 章，本书提出了一种基于结构相似性的显著性检测评价指标。该方法从人类视觉系统对场景结构非常敏感的角度出发，利用面向区域和面向物体的结构性度量方法来评估非二值显著图，进而使得评估更加可靠。为了验证该指标的性能，作者进一步引入了 4 个元度量并且提出了一个新的元度量。这 5 个元度量分别为应用排序、最新水平和通用映射图、标准显著图替换以及标注错误和人的判别。该方法在

5个公开评测数据集上采用5个元度量证明了本书的度量方法远远优于已有的最好的度量方法，特别是与人的主观评价相一致的性能从原来的低于50%提升到了77%，是该领域最符合人类认知规律的显著性物体检测评价指标。

在第6章，作者提出了一种基于局部和全局匹配的显著性物体检测评价指标。图像分割往往以人眼识别为基础，而人眼判别分割结果的好坏是从整体到局部的方式。相比已有最好的二值显著图评估指标，作者提出的算法简单地结合局部与全局信息就得到了非常可靠的评价结果。相比已有最好的二值显著图评价指标，本书提出指标的性能在各个元度量上提高了9.08%~19.65%。

7.2 展望

从自然图像以及视频中获取人感兴趣的物体，让计算机模拟人眼能够快速、准确地定位到显著性物体是当前新一代人工智能发展中迫切需要的关键技术。本书所探索的在图像和视频两个媒介上的显著性物体检测技术都还有很多方面值得深入研究：

1）在第3章，本书构建了一个当前规模最大的图像显著性物体检测数据集，并且提供了丰富的标注信息，如显著性物体的属性、显著性物体的类别以及显著性物体的数量。这些标注信息将在多个方向上拓展未来研究的可行性。由于数据集提供了显著性物体的类别，基于弱监督的显著性物体检测成为一个可行的方向。数据集中的实例级别的标注，可以被用来开发似物性检测模型以及实例级别的显著性物体检测。

2）在第 4 章，本书通过构建新的、与视觉注意力相一致的视频显著对象检测数据集，建立最大规模的评测，并提出 SSAV 基础模型，呈现出了视频显著对象检测领域最全面的调研。通过实验验证发现，即使考虑到性能最佳的模型，视频显著性物体检测技术还有很多方面处于初步发展阶段。例如，在本书所构建的带有视觉注意力转移现象的数据集中，当前最优秀的模型性能（S-measure）依然没有超过 70%。这充分说明了视频显著性物体检测技术还有很大的提升空间。另外，鉴于本书构建的数据集提供了额外的视频描述标注以及实例级别的物体分割结果，这都为基于弱监督的视频显著性物体检测技术、基于显著性感知的视频加字幕模型以及视频显著对象感数模型提供了优越的基础条件。

3）在第 5 章，作者首先分析了当前显著性评价指标是基于像素误差的，并指出它们忽略了结构相似性，然后提出了一个简单高效的结构相似性指标 S-measure。由于该指标由几个简单的可导函数构成，因此具备嵌入显著性物体检测模型中作为损失函数的潜力。在显著性检测模型中考虑使用结构损失函数来优化模型是一个值得研究的方向。

4）在第 6 章中，作者分析了各种类型（基于区域的、基于边界的和基于像素的）的评价指标在二值显著图中的性能，这些传统的评价指标考虑的要么是基于像素级的要么是基于图像级的。为此，本书提出了一个同时考虑整体和局部的评价指标 E-measure。这一指标同样是由简单的可导函数构成，因此在图像/视频分割领域中将这一指标改造成损失函数来优化分割模型也是一个很有前景的研究方向。

参考文献

[1] TREISMAN A M, GELADE G. A feature-integration theory of attention [J]. Cognitive Psychology, 1980, 12 (1): 97-136.

[2] KOCH C, ULLMAN S. Shifts in selective visual attention: Towards the underlying neural circuitry [J]. Matters of Intelligence, 1987: 115-141.

[3] ITTI L, KOCH C, NIEBUR E. A model of saliency-based visual attention for rapid scene analysis [J]. IEEE TPAMI, 1998, (11): 1254-1259.

[4] ZHAO J, CAO Y, FAN D P, et al. Contrast Prior and Fluid Pyramid Integration for RGBD Salient Object Detection [C]//IEEE CVPR. Cambridge: IEEE, 2019: 3922-3931.

[5] CHENG M M, MITRA N J, HUANG X, et al. Global Contrast based Salient Region Detection [J]. IEEE TPAMI, 2015, 37 (3): 569-582.

[6] BORJI A, CHENG M M, JIANG H, et al. Salient object detection: A benchmark [J]. IEEE TIP, 2015, 24 (12): 5706-5722.

[7] WANG J, JIANG H, YUAN Z, et al. Salient Object Detection: A Discriminative Regional Feature Integration Approach [J]. IJCV, 2017, 123 (2): 251-268.

[8] WANG L, LU H, RUAN X, et al. Deep networks for saliency de-

tection via local estimation and global search [C]//IEEE CVPR. Cambridge: IEEE, 2015: 3183-3192.

[9] FAN D P, ZHANG J, XU G, et al. Salient objects in clutter [J]. IEEE TPAMI, 2022.

[10] FAN D P, CHENG M M, LIU J J, et al. Salient Objects in Clutter: Bringing Salient Object Detection to the Foreground [C]//ECCV. Berlin: Springer, 2018: 196-212.

[11] JUDD T, DURAND F, TORRALBA A. A Benchmark of Computational Models of Saliency to Predict Human Fixations [J]. MIT Technical Report, 2012.

[12] RAHTU E, KANNALA J, SALO M, et al. Segmenting salient objects from images and videos [C]//ECCV. Berlin: Springer, 2010: 366-379.

[13] LI Y, SHENG B, MA L, et al. Temporally coherent video saliency using regional dynamic contrast [J]. IEEE TCSVT, 2013, 23 (12): 2067-2076.

[14] ZHOU F, BING K S, COHEN M F. Time-mapping using space-time saliency [C]//IEEE CVPR. Cambridge: IEEE, 2014: 3358-3365.

[15] FANG Y, WANG Z, LIN W, et al. Video saliency incorporating spatiotemporal cues and uncertainty weighting [J]. IEEE TIP, 2014, 23 (9): 3910-3921.

[16] WANG W, SHEN J, SHAO L. Video salient object detection via fully convolutional networks [J]. IEEE TIP, 2018, 27 (1): 38-49.

[17] TANG Y, ZOU W, JIN Z, et al. Weakly Supervised Salient Object Detection with Spatiotemporal Cascade Neural Networks [J]. IEEE TCSVT, 2019, 29 (7): 1973-1984.

[18] JUN K Y, LEE Y Y, KIM C S. Sequential Clique Optimization for Video Object Segmentation [C]//ECCV. Berlin: Springer, 2018: 537-556.

[19] LIU Z, ZHANG X, LUO S, et al. Superpixel-based spatiotemporal saliency detection [J]. IEEE TCSVT, 2014, 24 (9): 1522-1540.

[20] WANG W, SHEN J, PORIKLI F. Saliency-aware geodesic video object segmentation [C]//IEEE CVPR. Cambridge: IEEE, 2015: 3395-3402.

[21] CHEN C, LI S, WANG Y, et al. Video saliency detection via spatialtemporal fusion and low-rank coherency diffusion [J]. IEEE TIP, 2017, 26 (7): 3156-3170.

[22] XI T, ZHAO W, WANG H, et al. Salient Object Detection With Spatiotemporal Background Priors for Video [J]. IEEE TIP, 2017, 26 (7): 3425-3436.

[23] CHEN Y, ZOU W, TANG Y, et al. SCOM: Spatiotemporal Constrained Optimization for Salient Object Detection [J]. IEEE TIP, 2018, 27 (7): 3345-3357.

[24] LI S, SEYBOLD B, VOROBYOV A, et al. Unsupervised Video Object Segmentation with Motion-based Bilateral Networks [C]// ECCV. Berlin: Springer, 2018: 207-223.

[25] LI F, KIM T, HUMAYUN A, et al. Video segmentation by tracking many figure-ground segments [C]//IEEE ICCV. Cambridge: IEEE, 2013: 2192-2199.

[26] LI J, XIA C, CHEN X. A Benchmark Dataset and Saliency-Guided Stacked Autoencoders for Video-Based Salient Object Detection [J]. IEEE TIP, 2018, 27 (1): 349-364.

[27] MARGOLIN R, ZELNIK M L, TAL A. How to evaluate foreground maps? [C]//IEEE CVPR. Cambridge: IEEE, 2014: 248-255.

[28] OCHS P, MALIK J, BROX T. Segmentation of moving objects by long term video analysis [J]. IEEE TPAMI, 2014, 36 (6): 1187-1200.

[29] WANG W, SHEN J, SHAO L. Consistent video saliency using

local gradient flow optimization and global refinement [J]. IEEE TIP, 2015, 24 (11): 4185-4196.

[30] KIM H, KIM Y, SIM J Y, et al. Spatiotemporal saliency detection for video sequences based on random walk with restart [J]. IEEE TIP, 2015, 24 (8): 2552-2564.

[31] PERAZZI F, PONT T J, MCWILLIAMS B, et al. A benchmark dataset and evaluation methodology for video object segmentation [C]//IEEE CVPR. Cambridge: IEEE, 2016: 724-732.

[32] LIU Z, LI J, YE L, et al. Saliency detection for unconstrained videos using superpixel-level graph and spatiotemporal propagation [J]. IEEE TCSVT, 2017, 27 (12): 2527-2542.

[33] LIU T, SUN J, ZHENG N, et al. Learning to Detect A Salient Object [C]//IEEE CVPR. Cambridge; IEEE, 2007: 1-8.

[34] ACHANTA R, HEMAMI S, ESTRADA F, et al. Frequency-tuned salient region detection [C]//IEEE CVPR. Cambridge: IEEE, 2009: 1597-1604.

[35] ALPERT S, GALUN M, BASRI R, et al. Image Segmentation by Probabilistic Bottom-Up Aggregation and Cue Integration [C]// IEEE CVPR. Cambridge: IEEE, 2007: 1-8.

[36] YANG C, ZHANG L, LU H, et al. Saliency detection via graph-based manifold ranking [C]//IEEE CVPR. Cambridge: IEEE, 2013: 3166-3173.

[37] YAN Q, XU L, SHI J, et al. Hierarchical saliency detection [C]//IEEE CVPR. Cambridge: IEEE, 2013: 1155-1162.

[38] BORJI A, SIHITE D N, ITTI L. Salient object detection: a benchmark [C]//ECCV. Berlin: Springer, 2012: 414-429.

[39] LI Y, HOU X, KOCH C, et al. The secrets of salient object segmentation [C]//IEEE CVPR. Cambridge: IEEE, 2014: 280-287.

[40] LI G, YU Y. Visual saliency based on multiscale deep features [C]//IEEE CVPR. Cambridge: IEEE, 2015: 5455-5463.

[41] XIA C, LI J, CHEN X, et al. What is and What is not a Salient

Object? Learning Salient Object Detector by Ensembling Linear Exemplar Re-gressors [C]//IEEE CVPR. Cambridge: IEEE, 2017: 4399-4407.

[42] WANG L, LU H, WANG Y, et al. Learning to detect salient objects with image-level supervision [C]//IEEE CVPR. Cambridge: IEEE, 2017: 136-145.

[43] JIANG H, CHENG M M, LI S J, et al. Joint Salient Object Detection and Existence Prediction [J]. Front. Comput. Science, 2018, 13 (4): 778-788.

[44] LI G, XIE Y, LIN L, et al. Instance-level salient object segmentation [C]//IEEE CVPR. Cambridge: IEEE, 2017: 2386-2395.

[45] LIN T Y, MAIRE M, BELONGIE S, et al. Microsoft COCO: Common objects in context [C]//ECCV. Berlin: Springer, 2014: 740-755.

[46] RUSSAKOVSKY O, DENG J, SU H, et al. Imagenet large scale visual recognition challenge [J]. IJCV, 2015, 115 (3): 211-252.

[47] EVERINGHAM M, VAN GOOL L, WILLIAMS C K I, et al. The PASCAL Visual Object Classes Challenge 2010 (VOC2010) Results [J]. International Journal of Computer Vision, 2010, 88: 303-338.

[48] ZHAO R, OUYANG W, LI H, et al. Saliency detection by multi-context deep learning [C]//IEEE CVPR. Cambridge: IEEE, 2015: 1265-1274.

[49] LI G, YU Y. Deep Contrast Learning for Salient Object Detection [C]//IEEE CVPR. Cambridge: IEEE, 2016: 478-487.

[50] LEE G, TAI W, KIM J. Deep saliency with encoded low level distance map and high level features [C]//IEEE CVPR. Cambridge: IEEE, 2016: 660-668.

[51] LIU N, HAN J. DHSNet: Deep Hierarchical Saliency Network for Salient Object Detection [C]//IEEE CVPR. Cambridge: IEEE, 2016: 678-686.

[52] WANG L Z, WANG L J, LU H, et al. Saliency detection with recurrent fully convolutional networks [C]//ECCV. Berlin: Springer, 2016: 825-841.
[53] CHEN T, LIN L, LIU L B, et al. DISC: Deep image saliency computing via progressive representation learning [J]. IEEE TNNLS, 2016, 27 (6): 1135-1149.
[54] ZHANG J, DAI Y, PORIKLI F. Deep Salient Object Detection by Integrating Multi-level Cues [C]//Winter Conference on Applications of Computer Vision (WACV). Cambridge: IEEE, 2017: 1-10.
[55] HOU Q, CHENG M M, HU X, et al. Deeply supervised salient object detection with short connections [J]. IEEE TPAMI, 2019, 41 (4): 815-828.
[56] LUO Z, MISHRA A, ACHKAR A, et al. Non-local deep features for salient object detection [C]//IEEE CVPR. Cambridge: IEEE, 2017: 6609-6617.
[57] ZHANG P, WANG D, LU H, et al. Amulet: Aggregating multi-level convolutional features for salient object detection [C]// IEEE ICCV. Cambridge: IEEE, 2017: 202-211.
[58] ZHANG P, WANG D, LU H, et al. Learning Uncertain Convolutional Features for Accurate Saliency Detection [C]//IEEE ICCV. Cambridge: IEEE, 2017: 212-221.
[59] LI X, ZHAO L, WEI L, et al. DeepSaliency: Multi-task deep neural network model for salient object detection [J]. IEEE TIP, 2016, 25 (8): 3919-3930.
[60] LONG J, SHELHAMER E, DARRELL T. Fully convolutional networks for semantic segmentation [C]//IEEE CVPR. Cambridge: IEEE, 2015: 3431-3440.
[61] XIE S, TU Z. Holistically-nested edge detection [C]//IEEE ICCV. Cambridge: IEEE, 2015: 1395-1403.
[62] ZHANG J, SCLAROFF S, LIN Z, et al. Unconstrained salient

object detection via proposal subset optimization [C]//IEEE CVPR. Cambridge: IEEE, 2016: 5733-5742.

[63] FUKUCHI K, MIYAZATO K, KIMURA A, et al. Saliencybased video segmentation with graph cuts and sequentially updated priors [C]//ICME. Cambridge: IEEE, 2009: 638-641.

[64] EVERINGHAM M, ESLAMI S A, VAN GOOL L, WILLIAMS C K, WINN J, ZISSERMAN A. The pascal visual object classes challenge: A retrospective [J]. IJCV, 2015, 111 (1): 98-136.

[65] FAN D P, CHENG M M, LIU Y, et al. Structure-measure: A New Way to Evaluate Foreground Maps [C]//IEEE ICCV. Cambridge: IEEE, 2017: 4548-4557.

[66] AYTEKIN C, POSSEGGER H, MAUTHNER T, et al. Spatio-temporal saliency estimation by spectral foreground detection [J]. IEEE TMM, 2018, 20 (1): 82-95.

[67] CHEN C, LI S, QIN H, et al. Bi-level Feature Learning for Video Saliency Detection [J]. IEEE TMM, 2018, 20 (12): 3324-3336.

[68] ZHOU X, LIU Z, GONG C, et al. Improving Video Saliency Detection via Localized Estimation and Spatiotemporal Refinement [J]. IEEE TMM, 2018, 20 (11): 2993-3007.

[69] KIM W, JUNG C, KIM C. Spatiotemporal saliency detection and its applications in static and dynamic scenes [J]. IEEE TCSVT, 2011, 21 (4): 446-456.

[70] FANG Y, LIN W, CHEN Z, et al. A video saliency detection model in compressed domain [J]. IEEE TCSVT, 2014, 24 (1): 27-38.

[71] MAUTHNER T, POSSEGGER H, WALTNER G, et al. Encoding based saliency detection for videos and images [C]//IEEE CVPR. Cambridge: IEEE, 2015: 2494-2502.

[72] SHANMUGA V K, NGO T, ECKSTEIN M, et al. Eye tracking assisted extraction of attentionally important objects from videos

[C]//IEEE CVPR. Cambridge: IEEE, 2015: 3241-3250.

[73] ZHANG J, SCLAROFF S, LIN Z, et al. Minimum barrier salient object detection at 80 fps [C]//IEEE ICCV. Cambridge: IEEE, 2015: 1404-1412.

[74] TU W C, HE S, YANG Q, et al. Real-time salient object detection with a minimum spanning tree [C]//IEEE CVPR. Cambridge: IEEE, 2016: 2334-2342.

[75] GUO F, WANG W, SHEN J, et al. Video saliency detection using object proposals [J]. IEEE TOC, 2018, 48 (11): 3159-3170.

[76] LE T N, SUGIMOTO A. Deeply supervised 3D recurrent FCN for salient object detection in videos [C]//BMVC. Guildford: BMVA Press, 2017.

[77] LIANG M, HU X. Recurrent convolutional neural network for object recognition. [C]//IEEE CVPR. Cambridge: IEEE, 2015: 3367-3375.

[78] WANG W, SHEN J, SUN H, et al. Video co-saliency guided co-segmentation [J]. IEEE TCSVT, 2018, 28 (8): 1727-1736.

[79] ALSHAWI T, LONG Z, ALREGIB G. Unsupervised Uncertainty Estimation Using Spatiotemporal Cues in Video Saliency Detection [J]. IEEE TIP, 2018, 27 (6): 2818-2827.

[80] WANG W, SHEN J, YANG R, et al. Saliency-aware video object segmentation [J]. IEEE TPAMI, 2018, 40 (1): 20-33.

[81] QIU W, GAO X, HAN B. Eye Fixation Assisted Video Saliency Detection via Total Variation-based Pairwise Interaction [J]. IEEE TIP, 2018, 27 (10): 4724-4739.

[82] BHATTACHARYA S, VENKATESH K S, GUPTA S. Visual Saliency Detection Using Spatiotemporal Decomposition [J]. IEEE TIP, 2018, 27 (4): 1665-1675.

[83] LE T N, SUGIMOTO A. Video Salient Object Detection Using Spatiotemporal Deep Features [J]. IEEE TIP, 2018, 27 (10):

5002-5015.

[84] SIMONYAN K, ZISSERMAN A. Very deep convolutional networks for largescale image recognition [J]. arXiv. org, 2015, arXiv: 1409. 1556.

[85] LI G, XIE Y, WEI T, et al. Flow Guided Recurrent Neural Encoder for Video Salient Object Detection [C]//IEEE CVPR. Cambridge: IEEE, 2018: 3243-3252.

[86] FEI F L, PERONA P. A bayesian hierarchical model for learning natural scene categories [C]//IEEE CVPR. Cambridge: IEEE, 2005: 524-531.

[87] LI Y, QI H, DAI J, et al. Fully convolutional instance-aware semantic segmentation [C]//IEEE CVPR. Cambridge: IEEE, 2017: 2359-2367.

[88] CHEN L C, PAPANDREOU G, KOKKINOS I, et al. Deeplab: Semantic image segmentation with deep convolutional nets, atrous convolution, and fully connected crfs [J]. IEEE TPAMI, 2018, 40 (4): 834-848.

[89] SONG H, WANG W, ZHAO S, et al. Pyramid Dilated Deeper ConvLSTM for Video Salient Object Detection [C]//ECCV. Berlin: Springer, 2018: 744-760.

[90] YU F, KOLTUN V. Multi-scale context aggregation by dilated convolutions [J]. arXiv. org, 2016, arXiv: 1511. 07122.

[91] HU Y T, HUANG J B, SCHWING A G. Unsupervised Video Object Segmentation using Motion Saliency-Guided Spatio-Temporal Propagation [C]//ECCV. Berlin: Springer, 2018: 813-830.

[92] GUO C, MA Q, ZHANG L. Spatio-temporal saliency detection using phase spectrum of quaternion fourier transform [C]//IEEE CVPR. Cambridge: IEEE, 2008: 1-8.

[93] SEO H J, MILANFAR P. Static and space-time visual saliency detection by self-resemblance [J]. Journal of Vision, 2009, 9 (12): 1-27.

[94] WEI Y, WEN F, ZHU W, et al. Geodesic saliency using background priors [C]//ECCV. Berlin: Springer, 2012: 29-42.

[95] WOLFE J M, CAVE K R, FRANZEL S L. Guided search: An alternative to the feature integration model for visual search [J]. Journal of Experimental Psycholo-gy: Human Perception and Performance, 1989, 15 (3): 419.

[96] ZHANG X, WANG T, QI J, et al. Progressive Attention Guided Recurrent Network for Salient Object Detection [C]//IEEE CVPR. Cambridge: IEEE, 2018: 714-722.

[97] ZENG Y, LU H, ZHANG L, et al. Learning to Promote Saliency Detectors [C]//IEEE CVPR. Cambridge: IEEE, 2018: 1644-1653.

[98] WANG W, SHEN J, DONG X, et al. Salient Object Detection Driven by Fixation Prediction [C]//IEEE CVPR. Cambridge: IEEE, 2018: 1711-1720.

[99] ZHANG L, DAI J, LU H, et al. A Bi-Directional Message Passing Model for Salient Object Detection [C]//IEEE CVPR. Cambridge: IEEE, 2018: 1741-1750.

[100] LIU N, HAN J, YANG M H. PiCANet: Learning Pixel-wise Contextual Attention for Saliency Detection [C]//IEEE CVPR. Cambridge: IEEE, 2018: 3089-3098.

[101] WANG T, ZHANG L, WANG S, et al. Detect Globally, Refine Locally: A Novel Approach to Saliency Detection [C]//IEEE CVPR. Cambridge: IEEE, 2018: 3127-3135.

[102] ISLAM M A, KALASH M, BRUCE N D. Revisiting Salient Object Detection: Simultaneous Detection, Ranking, and Subitizing of Multiple Salient Objects [C]//IEEE CVPR. Cambridge: IEEE, 2018: 7142-7150.

[103] ZHANG J, ZHANG T, DAI Y, et al. Deep Unsupervised Saliency Detection: A Multiple Noisy Labeling Perspective [C]//IEEE CVPR. Cambridge: IEEE, 2018: 9029-9038.

[104] EVERINGHAM M, VAN GOOL L, WILLIAMS C K, et al. The

pascal visual object classes (voc) challenge [J]. IJCV, 2010, 88 (2): 303-338.

[105] LI X, LU H, ZHANG L, et al. Saliency detection via dense and sparse reconstruction [C]//IEEE ICCV. Cambridge: IEEE, 2013: 2976-2983.

[106] LIU Z, ZOU W, LE M O. Saliency tree: A novel saliency detection framework [J]. IEEE TIP, 2014, 23 (5): 1937-1952.

[107] JACCARD P. Étude comparative de la distribution florale dans une portion des Alpes et des Jura [J]. Bull Soc Vaudoise Sci Nat, 1901, 37: 547-579.

[108] MOVAHEDI V, ELDER J H. Design and perceptual validation of performance measures for salient object segmentation [C]// IEEE CVPRW. Cambridge: IEEE, 2010: 49-56.

[109] SHI R, NGAN K N, LI S, et al . Visual quality evaluation of image object segmentation: Subjective assessment and objective measure [J]. IEEE TIP, 2015, 24 (12): 5033-5045.

[110] ARBELAEZ P, MAIRE M, FOWLKES C, et al. Contour detection and hierarchical image segmentation [J]. IEEE TPAMI, 2011, 33 (5): 898-916.

[111] MARTIN D, FOWLKES C, TAL D, et al. A database of human segmented natural images and its application to evaluating segmentation algorithms and measuring ecological statistics [C]// IEEE ICCV. Cambridge: IEEE, 2001: 416-423.

[112] CHENG M M, MITRA N J, HUANG X, et al. SalientShape: group saliency in image collections [J]. The Visual Computer, 2014, 30 (4): 443-453.

[113] CAESAR H, UIJLINGS J, FERRARI V. COCO-Stuff: Thing and Stuff Classes in Context [C]//IEEE CVPR. Cambridge: IEEE, 2018: 1209-1218.

[114] LAZEBNIK S, SCHMID C, PONCE J. A sparse texture representation using local affine regions [J]. IEEE TPAMI, 2005,

27 (8): 1265-1278.

[115] CHEN T, CHENG M M, TAN P, et al. Sketch2photo: Internet image montage [J]. ACM TOG, 2009, 28 (5): 124.

[116] ZHANG J, MA S, SAMEKI M, et al. Salient object subitizing [C]//IEEE CVPR. Cambridge: IEEE, 2015: 4045-4054.

[117] BORJI A, SIHITE D N, ITTI L. What stands out in a scene? A study of human explicit saliency judgment [J]. Vision Research, 2013, 91: 62-77.

[118] PAN Y, YAO T, LI H, et al. Video captioning with transferred semantic attributes [C]//IEEE CVPR. Cambridge: IEEE, 2017: 6504-6512.

[119] GUO C, ZHANG L. A novel multiresolution spatiotemporal saliency detection model and its applications in image and video compression [J]. IEEE TIP, 2010, 19 (1): 185-198.

[120] HADIZADEH H, BAJIC I V. Saliency-aware video compression [J]. IEEE TIP, 2014, 23 (1): 19-33.

[121] ZHANG Z, FIDLER S, URTASUN R. Instance-level segmentation for autonomous driving with deep densely connected mrfs [C]//IEEE CVPR. Cambridge: IEEE, 2016: 669-677.

[122] XU N, PRICE B, COHEN S, et al. Deep interactive object selection [C]//IEEE CVPR. Cambridge: IEEE, 2016: 373-381.

[123] PETERSON M S, KRAMER A F, IRWIN D E. Covert shifts of attention precede involuntary eye movements [J]. Perception & Psychophysics, 2004, 66 (3): 398-405.

[124] BINDER M D, HIROKAWA N, WINDHORST U. Gaze Shift [M]//MARCDB, HIROKAWAN, WINDHORSTU. Encyclopedia of Neuroscience. Berlin: Springer, 2009: 1676-1676.

[125] GORJI S, CLARK J J. Going From Image to Video Saliency: Augmenting Image Salience With Dynamic Attentional Push [C]//IEEE CVPR. Cambridge: IEEE, 2018: 7501-7511.

[126] TSAI D, FLAGG M, REHG J. Motion coherent tracking with

multi-label MRF optimization [J]. IJCV, 2010, 100 (2): 190-202.

[127] WANG W, SHEN J, GUO F, et al. Revisiting Video Saliency: A Large-scale Benchmark and a New Model [C]//IEEE CVPR. Cambridge: IEEE, 2018: 4894-4903.

[128] KAUFMAN E L, LORD M W, REESE T W, et al. The discrimination of visual number [J]. The American Journal of Psychology, 1949, 62 (4): 498-525.

[129] SHI X, CHEN Z, WANG H, et al. Convolutional LSTM network: A machine learning approach for precipitation now-casting [C]//NurIPS. Cambridge: MIT Press, 2015: 802-810.

[130] CHEN L C, PAPANDREOU G, KOKKINOS I, et al. Deeplab: Semantic image segmentation with deep convolutional nets, atrous convolution, and fully connected crfs [J]. IEEE TPAMI, 2018, 40 (4): 834-848.

[131] HE K, ZHANG X, REN S, et al. Deep residual learning for image recognition [C]//IEEE CVPR. Cambridge: IEEE, 2016: 770-778.

[132] KANAN C, COTTRELL G. Robust classification of objects, faces, and flowers using natural image statistics [C]//IEEE CVPR. Cambridge: IEEE, 2010: 2472-2479.

[133] BYLINSKII Z, JUDD T, BORJI A, et al. Mit saliency benchmark (2015) [Z/OL]. (2015). http://Saliency. mit. edu.

[134] QI W, CHENG M M, BORJI A, et al. SaliencyRank: Two-stage manifold ranking for salient object detection [J]. Computational Visual Media, 2015, 1 (4): 309-320.

[135] BORJI A, CHENG M M, JIANG H, et al. Salient object detection: A survey [J] arXiv preprint , 2014, arXiv: 1411. 5878.

[136] HOU Q, CHENG M M, HU X W, et al. Deeply supervised salient object detection with short connections [C]//IEEE CVPR. Cambridge: IEEE, 2017: 3203-3212.

[137] QIN C, ZHANG G, ZHOU Y, et al. Integration of the saliency-based seed extraction and random walks for image segmentation [J]. Neurocom-puting, 2014, 129: 378-391.

[138] CHEN T, TAN P, MA Q, et al. PoseShop: Human Image Database Construction and Personalized Content Synthesis [J]. IEEE TVCG, 2013, 19 (5): 824-837.

[139] HU S M, CHEN T, XU K, et al. Internet visual media processing: a survey with graphics and vision applications [J]. The Visual Computer, 2013, 29 (5): 393-405.

[140] WEI Y, FENG J, LIANG X, et al. Object Region Mining with Adversarial Erasing: A Simple Classification to Semantic Segmen-tation Approach [C]//IEEE CVPR. Cambridge: IEEE, 2017: 1568-1576.

[141] WEI Y, LIANG X, CHEN Y, et al. STC: A simple to complex framework for weakly-supervised semantic segmentation [J]. IEEE TPAMI, 2017, 39 (11): 2314-2320.

[142] LI L, JIANG S, ZHA Z J, et al. Partial-duplicate image retrieval via saliency-guided visual matching [J]. IEEE MultiMedia, 2013, 20 (3): 13-23.

[143] CHENG M M, HOU B, ZHANG S H, et al. Intelligent Visual Media Processing: When Graphics Meets Vision [J]. Journal of Computer Science and Technology, 2017, 32 (1): 110-121.

[144] BORJI A, ITTI L. State-of-the-art in visual attention modeling [J]. IEEE TPAMI, 2013, 35 (1): 185-207.

[145] BORJI A. What is a salient object? A dataset and a baseline model for salient object detection [J]. IEEE TIP, 2015, 24 (2): 742-756.

[146] FENG D, BARNES N, YOU S, et al. Local background enclosure for RGB-D salient object detection [C]//IEEE CVPR. Cambridge: IEEE, 2016: 2343-2350.

[147] WANG Z, BOVIK A C, SHEIKH H R, et al. Image quality as-

sessment: from error visibility to structural similarity [J]. IEEE TIP, 2004, 13 (4): 600-612.

[148] LAZEBNIK S, SCHMID C, PONCE J. Beyond bags of features: Spatial pyramid matching for recognizing natural scene categories [C]//IEEE CVPR. Cambridge: IEEE, 2006: 2169-2178.

[149] PONT T J, MARQUES F. Measures and meta-measures for the supervised evaluation of image segmentation [C]//IEEE CVPR. Cambridge: IEEE, 2013: 2131-2138.

[150] GOFERMAN S, ZELNIK M L, TAL A. Context-aware saliency detection [J]. IEEE TPAMI, 2012, 34 (10): 1915-1926.

[151] JIANG H, WANG J, YUAN Z, et al. Automatic salient object segmentation based on context and shape prior [C]//BMVC. Guildford: BMVA Press, 2011: 1-12.

[152] MARGOLIN R, TAL A, ZELNIK M L. What makes a patch distinct? [C]//IEEE CVPR. Cambridge: IEEE, 2013: 1139-1146.

[153] CHANG K Y, LIU T L, CHEN H T, et al. Fusing generic objectness and visual saliency for salient object detection [C]// IEEE ICCV. Cambridge: IEEE, 2011: 914-921.

[154] BEST D, ROBERTS D. Algorithm AS 89: the upper tail probabilities of Spearman's rho [J]. JSTOR, 1975, 24 (3): 377-379.

[155] XIE Y, LU H, YANG M H. Bayesian saliency via low and mid level cues [J]. IEEE TIP, 2013, 22 (5): 1689-1698.

[156] PAL N R, PAL S K. A review on image segmentation techniques [J]. Pattern Recognit, 1993, 26 (9): 1277-1294.

[157] LIU G, FAN D. A Model of Visual Attention for Natural Image Retrieval [C]//2013 International Conference on Information Science and Cloud Computing Companion (ISCC-C). Cambridge: IEEE, 2013: 728-733.

[158] RUTISHAUSER U, WALTHER D, KOCH C, et al. Is bottom-up attention useful for object recognition? [C]//IEEE CVPR. Cambridge: IEEE, 2004: 37-44.

[159] BLAKE A, ROTHER C, BROWN M, et al. Interactive image segmentation using an adaptive GMMRF model [C]//ECCV. Berlin: Springer, 2004: 428-441.

[160] CSURKA G, LARLUS D, PERRONNIN F, et al. What is a good evaluation measure for semantic segmentation? [C]//BMVC. Guildford: BMVA Press, 2013.

[161] VILLEGAS P, MARICHAL X. Perceptually-weighted evaluation criteria for segmentation masks in video sequences [J]. IEEE TIP, 2004, 13 (8): 1092-1103.

[162] MCGUINNESS K, O' CONNOR N E. A comparative evaluation of interactive segmentation algorithms [J]. Pattern Recognition, 2010, 43 (2): 434-444.

[163] LEW M S, SEBE N, DJERABA C, et al. Content-based multimedia information retrieval: State ofthe art and challenges [J]. ACM Trans. Multim. Comput. 2000, 2 (1): 1-19.

[164] FAN D P, JI P, QIN X, et al. Cognitive Vision Inspired Object Segmentation Metric and Loss Function [J]. SSI, 2021, 51 (9): 1475-1489.

致谢

逝者如斯夫，不舍昼夜。我的博士生涯即将结束，回顾四年的学习和生活，感慨万千。无助、迷茫、自我否定、失望、期待、振奋，各种情绪历历在目。在此，谨向教导我的师长、鼓励我的朋友以及陪伴我的家人致以最诚挚的谢意。

首先衷心感谢我的导师程明明教授对我在科研上的悉心指导，在生活上的及时帮助，对我在职业生涯的长远规划，更为我树立了持之以恒、一丝不苟的科研榜样。程老师的为人处世、科研作风是我学习的典范。同时感谢我的联合导师、软件学院副院长刘晓光教授对我的指导和帮助，让我更加明确博士生涯期间的努力方向——以国家重大需求为出发点，做实用的研究。

特别感谢北京航空航天大学课题组的李甲教授和同学们，厦门大学课题组的纪嵘荣教授和同学们，大连理工大学的卢湖川教授和张平平博士，广西师范大学的李肖坚教授和同学们，加州大学默塞德分校的王田田博士，西安电子科技大学的马卓奇博士，天津大学的丛润民博士，金山软件公司的马志国博士，阿里巴巴达摩院的陈颖老师、李杨彦老师，感谢你们在我读博期间给我的帮助和启迪。

感谢南开大学的所有老师们。特别感谢南开大学网络空间安全学院院长袁晓洁教授对我博士期间科研成果的肯定和鼓励。特别感谢媒体计算实验室的任博老师、杨巨峰老师、卢少平老师和王凯老师，感谢你们引导我树立了精益求精的学术态度。感谢一起求学的博士同学们，特别感谢郭衫、孙万燕、罗淑贞等同学在生活上的分享和支持。

感谢所有同学和师弟师妹们。特别感谢刘云、边佳旺、侯淇彬和赵凯同学在学习上的帮助；特别感谢孔娜、韩琦、张长彬等师弟师妹们在论文上的帮助。尤其感谢一起合作项目的曹洋、赵嘉星、刘姜江、龚成、许刚、林铮、吴宇寰、高尚华、陈林卓、李炫毅、张钊、聂光宇以及厦门大学的张声传博士、北京理工大学的沈建冰教授、起源人工智能研究院（IIAI）的王文冠研究员和英国卡迪夫大学的 Paul L. Rosin 教授。

本书的研究工作受到天津市杰出青年科学基金项目、天津市新一代人工智能科技重大专项项目和国家自然科学基金面上项目的资助，特此感谢。

感谢家人们对我的支持和鼓励，让我能够更安心地专注科研，感谢你们！

在学期间的学术论文与研究成果

攻读博士期间已发表的论文

第一作者［1-4］/共同第一作者［5］/非第一作者［6］

［1］ FAN D P, CHENG M M, LIU Y, et al. Structure-measure: A new way to evaluate foreground maps［C］//Proceedings of the IEEE International Conference on Computer Vision (ICCV). Cambridge: IEEE, 2017: 4558-4567.
（Spotlight，录用率：2.61%，计算机视觉顶级会议，CCF-A 类会议）

［2］ FAN D P, CHENG M M, LIU J J, et al. Salient objects in clutter: Bringing salient object detection to the foreground［C］//Proceedings of the European Conference on Computer Vision (ECCV). Berlin: Springer, 2018: 196-212.
（录用率：29.4%，计算机视觉顶级会议，CCF-B 类会议）

[3] FAN D P, GONG C, CAO Y, et al. Enhanced-alignment Measure for Binary Foreground Map Evaluation [C]//International Joint Conference on Artificial Intelligence (IJCAI). San Francisco: Morgan Kaufmann, 2018: 698-704.
(Oral, 录用率: 20%, 人工智能顶级会议, CCF-A 类会议)

[4] FAN D P, WANG W G, CHENG M M, et al. Shifting More Attention to Video Salient Object Detection [C]//Proceedings of the IEEE Conference on Computer Vision and Pattern Recognition (CVPR). Cambridge: IEEE, 2019: 8546-8556.
(Best Paper Finalist, 录用率: 0.87%, 计算机视觉顶级会议, CCF-A 类会议)

[5] ZHAO J X, CAO Y, FAN D P, et al. Contrast Prior and Fluid Pyramid Integration for RGBD Salient Object Detection [C]//Proceedings of the IEEE Conference on Computer Vision and Pattern Recognition (CVPR). Cambridge: IEEE, 2019: 3922-3931.
(录用率: 25.2%, 计算机视觉顶级会议, CCF-A 类会议)

[6] NIE G Y, CHENG M M, LIU Y, LIANG Z, FAN D P, et al. Multi-Level Context UltraAggregation for Stereo Matching [C]//Proceedings of the IEEE Conference on Computer Vision and Pattern Recognition (CVPR). Cam-

bridge：IEEE，2019：3278-3286.
（录用率：25.2%，计算机视觉顶级会议，CCF-A 类会议）

攻读博士期间投稿的论文

[1] FAN D P，ZHANG S C，WU Y H，et al . Scoot：A Perceptual Metric for Facial Sketches [C]//Proceedings of the IEEE International Conference on Computer Vision (ICCV). Cambridge：IEEE，2019：5611-5621.
（录用率：25.0%，计算机视觉顶级会议，CCF-A 类会议）

[2] ZHAO J X，LIU J J，FAN D P，et al. EGNet：Edge Guidance Network for Salient Object Detection [C]//Proceedings of the IEEE International Conference on Computer Vision (ICCV). Cambridge：IEEE，2019：8778-8787.
（录用率：25.0%，计算机视觉顶级会议，CCF-A 类会议）

[3] FHA D P，LIU Y，ZHAO J X，et al. Rethinking RGB-D Salient Object Detection：Models，Datasets，and Large-Scale Benchmarks [J]. IEEE Transactions on Neural Networks and Learning Systems (TNNLS)，2021，32 (5)：2075-2089.
（神经网络和学习系统顶级期刊，中科院 1 区）

[4] LIU Y，CHENG M M，FAN D P，et al. Semantic Edge Detection with Diverse Deep Supervision [J]. International Journal

of Computer Vision (IJCV), 2022, 130 (1): 179-198. (人工智能领域顶级期刊, CCF-A 类期刊)

攻读博士期间申请的国家发明专利

[1] 范登平，程明明，曹洋，吴宇寰，任博. 一种基于二进制的前景图相似度评测方法：中国，201810171102.8 (授权)，2018. [学生排名第一]

[2] 程明明，范登平，林铮. 一种基于注意力转移机制的视频显著性物体检测方法：中国，201910347420.X (已受理)，2019. [学生排名第一]

[3] 刘姜江，程明明，侯淇彬，范登平，谭永强. 一种基于深度网络的多类型任务通用的检测方法：中国，201810173285.7 (授权)，2018. [学生排名第三]

攻读博士期间参与的科研项目

[1] 国家自然科学基金国际合作重点项目“3D 多视点全景视频的室内场景重构理论及算法”，No. 61620106008.

[2] 国家自然科学基金面上项目“移动设备上的图像交互式分析与编辑”，No. 61572264.

[3] 天津市杰出青年科学基金项目“认知规律启发的弱监督图像场景理解”，No. 17JCJQJC43700.

[4] 天津市新一代人工智能科技重大专项项目“场景语义智能识别与理解技术”，No. 18ZXZNGX00110.

攻读博士期间获得的主要奖励与荣誉

[1] 2019 年被评为南开大学研究生优秀毕业生。

[2] 2017 年获南开大学博士生国际学术交流基金 10 000 元。

[3] 2017 年获南开大学华为博士研究生奖学金 10 000 元（计算机学院仅 1 人）。

[4] 2016 年获天津市武清区国际马拉松-男子全程马拉松（42.195 公里）个人最佳成绩（3 小时 52 分 01 秒完赛）。

[5] 2016 年获南开大学“校十大跑星”称号，获男子 400 米第一名。

丛书跋

2006年，中国计算机学会（简称CCF）创立了CCF优秀博士学位论文奖（简称CCF优博奖），授予在计算机科学与技术及其相关领域的基础理论或应用基础研究方面有重要突破，或在关键技术和应用技术方面有重要创新的中国计算机领域博士学位论文的作者。微软亚洲研究院自CCF优博奖创立之初就大力支持此项活动，至今已有十余年。双方始终维持着良好的合作关系，共同增强CCF优博奖的影响力。自创立始，CCF优博奖激励了一批又一批优秀年轻学者成长，帮他们赢得了同行认可，也为他们提供了发展支持。

为了更好地展示我国计算机学科博士生教育取得的成效，推广博士生科研成果，加强高端学术交流，CCF委托机械工业出版社以“CCF优博丛书”的形式，全文出版荣获CCF优博奖的博士学位论文。微软亚洲研究院再一次给予了大力支持，在此我谨代表CCF对微软亚洲研究院表示由衷的感谢。希望在双方的共同努力下，“CCF 优博丛书”可以激励更多的年轻学者做出优秀成果，推动我国计算机领域的科技进步。

唐卫清

中国计算机学会秘书长

2022 年 9 月